中国科学院行星科学重点实验室　资助出版
中国科学院上海天文台天文地球动力学研究中心

重力场变化与地震

李正心　著

科学出版社
北　京

内 容 简 介

本书把重力场变化与地震发生的关系问题扩展到第三方——地下质量的迁移，研究了三者间的关系。将中国华北、云南两地区重力的信息数字化并组成时间序列(长度分别为 12、14 年)，发现地震的发生与重力场变化和地下质量的迁移有关。地震往往发生在地下质量的迁移率、重力场重力变化强度达到其极值的那个时刻。地震发生与地下质量迁移有关的发现，为人们提供了这样一种可能性，即从对后者的连续监测中去寻找地震发生的信息，包括地震孕育发展全过程的信息。重力场变化是地下质量迁移在地面的一种反映，既然后者与地震有关，前者也就表现为与地震有关，尽管重力场变化与地震之间并不存在直接的关系。

本书可供地震、地球物理、地质、大地测量、天文地球动力学等专业领域科技人员参考。

图书在版编目(CIP)数据

重力场变化与地震/李正心著. —北京：科学出版社，2020. 10
ISBN 978-7-03-065231-7

Ⅰ. ①重… Ⅱ. ①李… Ⅲ. ①地球重力场-研究 Ⅳ. ①P312.1

中国版本图书馆 CIP 数据核字（2020）第 087088 号

责任编辑：钱 俊 陈艳峰／责任校对：杨 然
责任印制：赵 博／封面设计：无极书装

科学出版社 出版

北京东黄城根北街 16 号
邮政编码：100717
http://www.sciencep.com

北京富资园科技发展有限公司印刷
科学出版社发行 各地新华书店经销
*

2020 年 10 月第 一 版 开本：720×1000 1/16
2025 年 1 月第三次印刷 印张：17 3/4
字数：355 000
定价：128.00 元
（如有印装质量问题，我社负责调换）

序　言

　　地震危害之烈、预报之难，可谓各种自然灾害之首。我国居于地震多发之区，虽然有各种手段预测预警，但仍未能解决临震预报之世界难题。

　　李正心曾在中国科学院上海天文台工作多年，曾在法国巴黎天文台的国际时间局进修，熟悉天文时间工作。1988 年，由于空间探测的发展，原来的天文观测技术，已被新兴的空间技术所取代。原来的天文测时工作，未能及时转用空间新技术者，多数转为其他工作。1991 年，国际天文联合会(IAU)建议经典技术改为监测铅垂线变化，并由上海天文台主持。而国际大地测量协会(IAG)，也成立特别工作组进行此项研究，李正心参加此项工作达 8 年之久。

　　由于天文观测中所得的铅垂线变化，受限于天文台分布稀疏，与地震的联系较为困难，不如在地震带专门布设重力场监测更为有效。因为地下物质运动引起重力场变化，可以作为地震前兆，国家地震局已在华北与云南布设重力监测网，作为地震预测之用，李正心也由此而转入重力场变化研究。

　　该书为李正心多年的工作成果的总结，他以华北、云南重力场监测网资料作研究，从重力网实测中的误差传递与积累、地震前后重力场的变化，对重力场变化和数据误差状况作出细致的定量分析，并以图表显示，可供重力网使用者以及今后技术改进作参考，图表详尽，方便查阅。

　　李正心居住在美国，退休后仍然每年远渡重洋，孤身奋战，历年不断，为地震研究与预测之可能作出贡献，为重力网监测之使用提供误差范围，可供今后监测工作改进参考。

叶叔华

前　言

　　局部重力场变化与地震发生的关系问题是地学中一个没有完全解决的问题(陈运泰等，2000)。本书是作者在这个问题上的一次尝试。

　　研究用的资料是我国华北、云南两个重力网在 20 世纪末以前对重力场变化测量的结果(李辉等，2000)，其重复测量的平均频度分别是 4 次/年和 2.5 次/年。实践证明，这批资料的质量是好的，观测的频度也是必须的，不宜再少。正是在这一批历史观测资料中找到了实测的证据，证明重力场确实存在着与地震发生有关的变化。

　　重力场变化根据重力观测而得。即使观测本身不存在任何误差，数量有限的重力网点是不可能给出完全精确无误的测量结果的，何况观测总是存在着误差。我们面对的现实是，重力场变化真正的信号(以下简称"信号")和测量误差的影响(简称"误差")二者并存。在使用一个实际的重力场变化结果时必须要考虑到这一点。首先要确认重力场变化结果的真实性和可信性，然后才去研究它和地震发生的关系。

　　上述两个地区的重力网是用相对重力观测的方法建立起来的，误差的问题变得更为突出(第五章)。在逐点推算下一个网点重力值的时候，观测误差在逐点积累。如果一次相对重力的观测中误差为 ±7～10 微伽(李辉等，2000；卢红艳等，2004；贾民育等，2006；周硕愚等，2017)，那么在观测连续推进 4 次以后，第 5 个重力点重力值的观测中误差就是它的 2 倍(±14～20 微伽)。这也就是说，该点重力值的误差值超过 14～20 微伽、28～40 微伽的可能性分别为 32%、5% (郭禄光和樊功瑜，1985)。即使最后能连接到一个绝对重力点上去，经过平差误差的影响能有所削弱，但是和幅度相差不大的重力场变化信号混在一起以后就影响了测量结果的真实性。以华北的京津唐张重力网为例，模拟计算说明网内误差的累积达 30～40 微伽或以上，不是一个小概率的事件(第六章)。

　　那么，还能不能用上述两个重力网的测量结果来进行这项研究？回答是肯定的。但这是对平面尺度较小重力场变化的研究而言的(第三章)。信号的平面尺度小，影响其信号形态的重力点数量就少，信号的失真度也就小。譬如，一个重力场变化信号，其平面跨度仅涉及了 3 个重力点，那么能够影响它几何形态的就是与这 3 个点有关的前后 2 个重力差观测值。在这之前或之后进行观测时发生的误差和它们的积累，不管有多大，对这个信号的形态是没有影响的(第二、六章)。但是，如果一个重力场变化信号的平面跨度涉及了 10 个重力点，情况就不一样了。正因为这个缘故，在这两个地区发现与地震发生有关的重力场变化，它们的平面尺度都不大，一般不超过 30～40km。它们在地震前后成对出现，形状相似、尺度相当但符号相反(第七、九章)。特别要指出的是，不论地震的震中地区在何方，这些与地震发生有关的重力场变化都分别集中在两个地区中各自范围相当有限的"敏感区"内(第七、九章)。至于那些平面尺度大的重力场变化，由于无法确认它的真实性，即使看起来与地震有关，也无法确定它真的与地震的发生有关，或者无关。

为进一步确认重力场变化与地震发生的关系，将两者间关系的分析从对个别离散的地震事件扩展到对时间域里的地震系列。为此，书中提出了重力场重力的变化强度这个参数。它由重力场变化的数据计算而来，反映的是重力场变化的剧烈程度。在 12 年或 14 年的时间里，两个地区这项参数的时间序列和地震的发生存在着很好的对应关系：地震往往发生在重力场重力的变化强度达到极值的时候。

上述与地震发生有关的重力场变化的发现，重力场重力变化强度与地震发生的关联，都说明这两个地区地震发生的前后确实存在着与地震相关联的重力场变化。

在证明了上述两者之间的关联以后，紧接着要讨论的是这种关联现象的内在联系。为此，引入了第三方，即地下质量的迁移。将原先两方之间关系的研究扩展到三方，即对重力场变化、地震和地下质量迁移这三方之间关系的研究(第一、三章)。为便于研究，将地下质量迁移模式化，引进地下扰动体(点源)这个数学模式，以它的三个参数(地理位置、深度和质量)为代表，对地下质量迁移和地震发生之间的关系进行定量的研究(第三、八、九章)。结果证明地震的发生与地下质量的迁移有关，地震往往发生在地下质量的迁移率达到极值的时候。

有了三方数字化了的这些数据(注：地震的发生与否用数字 1 和 0 表示)，就可以方便地对三者间的关系进行描述，并从分析中得到明确的结论。三个时间序列间良好的对应关系说明，由于地震的发生与地下质量的迁移有关，而重力场变化是地下质量迁移的一种反映，因此就表现为重力场变化与地震的发生有关。地下质量迁移与地震的发生有关，这就是重力场变化与地震发生关系的内在联系所在。

本书在利用上述两个地区重力场变化的资料讨论与地震发生关系的问题时，有一些发现是前所未见的。如与地震发生有关的重力场变化都集中在区域内一个有限的范围内(第七、九章)；同一区域内取样数据不同，地方不同，范围不同，但计算得到重力场重力变化强度的时间序列之间却依然相关(第十一章)。需要指出的是，京津唐张、滇西两个地区南北相差数千千米，但是都存在这样的现象，值得研究。但是对这些问题的解释似已超出了地震科学的范畴。对它的研究还有待于其他学科的共同参予。

本书的工作当然是初步的。抛砖引玉，共同努力。

目　　录

第一章 绪 论

1.1 地震能预测预报吗？

每一次发生灾害性地震后，都会提出这个问题：地震真的就不能预报吗？

这是一个有争议的问题。说能预报，这么大的地震为什么就没有能预测？说不能预测，那过去成功的地震预报又如何解释。

的确，地震预测预报是一个世界性的难题。地球是一个形成历史悠久，体积巨大，结构复杂，内部高温高压，物质运动不断，不时还有地震或火山爆发的复杂的开放系统，人们对它的认识还极其有限。

20 世纪 60 年代创立的"板块构造学说"无疑推动了地球科学的发展，也对地震的发生带来了一种新的解释。对有些地区地震的解释，它无疑是成功的，但对其他地区的地震，却显露出不足。譬如对中国，越来越多的事实说明基于大洋调查而发展的这种理论并不能完全解释中国内陆的地质，对地震的发生也是如此(李德威，2011)。

地球是一个存在着多层块物质运动和能量交换的星体。地震是地球内部构造运动的一种表现形式，与多层块的物质运动有关，通过各种形式的能量交换而最终表现出来。仅仅用地球大洋表层的板块运动来解释当然是不够的。只有认识了地震的时空规律，知道了地球内部物质运动和能量聚散的规律，才有可能真正懂得地震的成因。只要能全面掌握天上、地面、地下、地球深处各方面的种种现象，从物理、化学、生物等方面进行正确的分析研究，对地震做出预测预报是完全可能的。

因此，目前要求对每一次地震都能做出正确的预报是不现实的。但是如果因此而认为地震"不能被预报"，或甚至"不能被预测"(Geller et al.,1997)，是不对的。事实是，我国有过多次成功的地震预测预报经历。众所周知的 1975 年海城地震预报(1975 年 2 月 4 日 10 时 30 分辽宁省革命委员会发出地震预报的电话通知，当日19 时 36 分发生 7.3 级地震)，是其中最为突出的一个。它的成功预报是国际上承认的，经联合国教科文组织评审，中国作为唯一对地震做出过成功短临预报的国家被载入史册(陈一文，2010)。其他如对 1995 年 7 月 12 日云南孟连 M7.3 地震(陈立德和罗明，1997)、1976 年 8 月 16 日四川松潘 M7.2 地震(四川省地震局，1979)的成功预测预报，都是众所周知的事实。即使对 1976 年的唐山大地震，事先也已经掌握了一些地震的前兆。不然"青龙奇迹"该如何解释。同处震区的青龙县，由于事先作了预报，"房屋损坏十八万多间，其中倒塌七千三百多间，但直接死于地震灾害的只有一人"(陈一文，2010)。

当然，当前地震预报成功的比例还比较低，就云南地区而言，大致是 20%～30% 的水平(云南地震局，2013)。

地震预报的成功与否取决于对地震前兆的掌握和对它的分析及判断，当然也与人有关，与人的思想有关，有时甚至不仅仅是一个纯粹的学术、技术问题。但是，对地震前兆全面准确和及时的掌握是基础，是关键。是否可以这样设想，各地的地震，或甚至同一地点不同时候的地震，是不一样的，成因不一样，前兆也不一样。如果掌握了某次地震本质的前兆，预测预报就可能成功；反之，没有掌握或掌握得不够，就不能成功。

在 2010 年 11 月 23～25 日召开的第 388 次香山科学会议上，提出"将地震监测从地面发展到四维……从空中、地面和地下动态监测地震孕育、发展各个不同阶段的有效前兆"(《科学时报》，2011 年 3 月 5 号)，无疑是一个正确的方向。

大力提倡创造性地发展地震成因的理论，进一步放开眼界发掘与拓宽地震的前兆，是摆在我们面前的两大任务。

1.2 中国的地震

中国是一个多地震的国家。从 1177 到 1900 年，有记录且被认定为 5 级以上的地震有 500 多次，其中 8 级以上的有 17 次。这里提出其中的两次，即 1556 年 12 月 23 日子夜时刻发生的关中地震和 1920 年 12 月 16 日晚 7 点宁夏海原的 8.5 级地震。前者波及陕西、山西、甘肃、河北、河南、山东、安徽、湖北、湖南等省的 185 个县，面积达到 90 万平方千米，"压死官吏军民奏报有名者八十二万有奇，其不知名、未经奏报者复不可数计"，实际上震中地区死亡的人达到一半以上；后一次地震影响的面积达到 300 多万平方千米，死亡人数不少于 20 万。这样强烈的地震，在世界的地震历史上也是不多的(唐锡仁，1978)。

1949 年以来发生的强震人们仍记忆犹新。1976 年 7 月 28 日唐山的 7.8 级地震(死亡人数 24 万)，2008 年 5 月 12 日汶川的 8.0 级地震(死亡失踪人数近 9 万)，至今仍在牵动着每一个中国人的心。盼望地震能有被预报的一天。这是一个难以实现的奢望吗？

统计数字表明，中国的陆地面积占全球陆地面积的 1/15，即 6%左右；中国的人口占全球人口的 1/5 左右，即 20%左右，都不到 20%的比例，然而中国的陆地地震竟占全球陆地地震的 1/3，即 30%左右，地震造成死亡的人数竟达到全球的 1/2 以上。当然这也有特殊的原因：一是中国的人口密、人口多；二是中国的经济落后，房屋不坚固，容易倒塌；三是中国的地震活动强烈且频繁。

据统计，20 世纪以来，中国因地震造成死亡的人数占国内所有自然灾害(其中包括洪水、山火、泥石流、滑坡等)总人数的 54%。从人员的死亡来看，地震是群害之首；从经济上造成的损失来看，最大的则是气象灾害(洪涝)，其造成的经济损失要比地震大得多。

中国是一个多地震的国家。科学技术的发展要以人民为本，因此对地震进行坚持不懈的研究，力求逐步提高地震预测预报的水平，造福人民，这是科学技术人员责无旁贷的历史使命。

1.3　地震的前兆和观测

地震有前兆，人们很早就懂得这一点，尽管在长时期中人们所注意的仅仅是那些最容易被发现的现象。在中国历史文献中可以找到大量这方面的记载。

这些前兆可以被归纳成地声、地光、前震、地下水异常、天气异常和动物异常等几种类型。如前震，即地震发生前出现的微震和小震，如 1668 年 7 月 25 日镇江府、丹阳"戌时地震，先数日微震一次，是日震甚，山动摇"(康熙《镇江府志》)。对该次震前地下水的异常也有记载："先是苦雨儿一月，是日城南渠一窨之间，暴涨忽枯"(康熙《海州志》)。地震前后气候的异常，在《滇南新语》中就能找到这样的描述：1751 年 5 月 25 日云南剑川地震前"烦热而气昏惨无风"。关于动物的异常更有不少翔实细致的记载，如"河鱼千万自跃上岸"(《云南地震丛考》)，"牛马仰首，鸡犬声乱"(《虞乡村县志》)。对普通民众来说，这些都是最直观的前兆，不少人还因此而逃过一劫(唐锡仁，1978)。

时至今日，人们对地震前兆的观察已扩展到更多的方面，并且认识到在时间域里对前兆的"重复测量是地震预报最关键的一个因素"(浅田敏，1987)。为便于叙述，将现有的前兆观察和测量技术分成以下几种类别(浅田敏，1987；力武常次，1971；B.包恩其科夫斯基，1955；安徽省地震局，1978；兰州地震大队，1976；徐好民，1989；朱皆佐和汪在雄，1978；牛安福，2005)。

(1) 几何地球的变化，即地壳的运动和形变(牛安福，2005)。如地球板块的运动(VLBI 技术)，活动断层的变化，地面一点位置的变化(GPS 技术)和地壳的形变等(三角测量测平面变化，水准测量测高程变化，激光测距测距离变化，以及倾斜仪、伸缩仪等)。

(2) 物理地球的变化，即大地水准面的变化；就局部地球而言，就是局部重力场的变化。

(3) 地下水，包括井水、浅层水和深层水的变化(水流量、水温、化学成分、颜色、味道、气味、透明度、同位素丰度、喷水和冒泡、旋涡等)。

(4) 地球物理场的变化，地磁、地电流和地电位、电阻率、地应力异常、波速比和地壳热流量等的变化。

(5) 地球化学，如地下水氡气浓度的变化，奇异气体的出现等。

上面对前兆的观测大体上都是在地面上进行的。其中的一些目前在中国已有了相当的规模。以地形变观测为例，在 2003 年，中国就有以下数量的仪器在运转(牛安福，2005)。

(1) 倾斜应变观测仪器：222 套。

(2) 钻孔应力-应变：51 套。

(3) 全球定位系统(GPS)：25 个基准站，56 个基本站，1000 个区域站。

(4) 重力测量仪：连续观测的重力仪 6 套，地壳运动观测网络的测点 400 个，23 个基准点，2000 个以上的重力网测点(注：据最新的数据，上述重力测量仪的数字有了变化：84 个连续重力台、105 个绝对重力点、约 4000 个相对重力点的中国地震重力监测网(周硕愚等，2017))。

(5) 定点水准基线 15 个，流动断层测点 120 个。

1.4 地面重力变化和监测

在前述与地震发生有关的各种前兆中，物理地球的变化与地下的动态是直接有关的，地下各种各样物质的变化与运动，都会在地面重力(向量)的变化中表现出来。如果地震的发生与地下的动态有关，那么地面重力的变化就不仅仅是一种简单的前兆，而是一种与地震的孕育发生直接有关的物理量。重要的还在于它是一种能被精确测定的量：它的垂直分量(一般简称为"重力")可以用重力测量的方法加以测定；它的水平分量(表现为"铅垂线变化")可以用天文技术加以测定。因此，重力和天文这两种技术是人们观察研究地下动态的重要的手段，而且不存在其他可以取代它们的技术。

通过重力观测，不仅是地震的发生，地震孕育发展的全过程都有可能被研究，顾功叙教授等的研究就是一个很好的例子(顾功叙等，1997)。仅仅根据北京白家疃一个重力台站 15 年的连续观测，"伴随地震孕育和发生有关的重力变化基本图像就呈现了出来"，据此对地下水，"包括近地表水和分布在地壳所有深度上的地下流体"的存在，都给出了实测的证据。据此进而指出，可以根据对地下动态，包括地表水和地下流体，以及地表重力变化的同步监测，事先提供"有价值的地震孕育和发生的信息"。本书的研究也将如此，将地下质量迁移这一个概念引入后，对重力场变化与地震发生关系的研究带来了新的视角和研究结果。这些都在说明，将地下动态这一个重要的地震前兆引入研究的必要性。

对这一前兆的观测，在过去的长时间中是在地面进行的。随着空间技术的发展，特别是 GRACE(2002 年)和 GOCE(2009 年)等重力卫星上天以后，空间重力技术的介入为人们带来了新的希望。但是，迄今为止，空间重力技术在地震预测预报上的进展并没有达到原先的期许。以运行了 16 年的 GRACE 为例，迄今与地震发生有关的信号都是在地震发生之后测到的，并且震级要在 8.5 级或 8.5 级以上(Han et al.，2013)，近期也有一些有关 8.3 级地震的报告(Tanaka et al., 2015; Han et al., 2016)。至于对地震发生前信号的监测，至今仍鲜有报道。仅有的报告是关于日本 2011 年的一次地震，其震级为 9.0(Panet et al., 2018)。

相比之下，无论是震前或震后，地面重力技术对地震的反应要敏感得多(顾功叙等，1997；李正心，2019)。这是容易理解的，对地下动态的感知，信号的幅度与距离的平方成反比。这正是地面重力技术的长处所在，它的观测距离至少要比空间技术小一个量级以上。

当然，地面重力与空间重力不是互相排斥的两门技术，把它们结合起来才是一种最好的选择。

因此，在继续关注空间技术的同时，仍然要全力发展现有的地面重力技术。仪器精度的继续提高，重力网更合理的布设，观测频度的设定，观测数据的处理和分析研究等，都有继续改进和深入研究的必要。对中国来说，大规模的布网和高精度实测资料的积累是重要的，但是对这些科学资料的研究和利用也是一件同样重要的事。本书就是在这方面的一次尝试。希望能说明，在现有地面重力观测资料中提炼出新的信息是可能的，其潜力是大的。

1.5 对局部重力场变化与地震发生的关系研究

自从 20 世纪 60 年代发现地震时重力有变化以后(陈运泰等，2002)，作为地震发生一种重要的前兆，对它的研究一直在进行着。多年来的研究当然有进展，但是问题并没有完全解决。陈运泰教授在总结中美合作课题"局部重力场变化与地震发生的关系"20 年研究工作时曾指出，"地震发生前重力场是否真的发生变化，重力场变化与地震发生关系的内在联系是什么,这个问题并没有解决"(陈运泰等,2002)。"国内几次大地震前重力场的变化已有所显示，对应这样一种极其微弱的苗头，弄清其本质，即确立重力场局部变化与地震发生的内在联系"。对这样一项应用基础的研究，必须"长期坚持，百折不挠，逐年累月，点点滴滴地有所创新，有所前进，最后才能达到预期的目标"(陈运泰等，2002)，为地震研究做出切实的贡献。

本书就是在这方面的一次努力。所考虑的问题有以下几个方面。

(1)对重力场变化测量中的误差问题系统地作探讨，包括京津唐张和滇西这两个相对重力网中的测量误差，特别是网内误差的累积(第五、六章)，对所得重力、重力场变化测量结果的影响(第六章)；对地下扰动体参数测定的影响(第六章)；重力场变化结果真实性的鉴别(第五、七、九章)；重力网点密度对不同尺度重力场变化信号的不同影响(第五、六章);避免或减少重力网误差对重力场变化、地下扰动体参数测定的影响(第三、六章)等。

(2) 引入地下质量迁移(第三章),将研究的对象从原先的二方,即重力场变化和地震,扩大到三方,即地下质量迁移、地面重力场变化和地震,对三者之间关系进行研究(第三、八、十章)。

(3) 将考察对象从离散的单个地震事件扩展到一段时间里(12~14 年)的全过程,对三个时间系列(即地下质量迁移、地面重力场变化和地震)在整个过程中的关系进行考察和研究(第八、十章)。

(4) 将考察对象的信息数字化(第三、七、九章),通过它们对三方的关系进行研究,以得到明确肯定的结论(第八、十、十一章)。

第二章　重力变化与重力场变化

对重力变化的研究由来已久(何绍基，1957；方俊，1975)，早在 1914 年就观测到重力固体潮的信号(Torge，1993)。自 20 世纪 60 年代以后，由于重力观测精度的提高，在一些大地震前后做过流动重力测量的地区发现重力有变化的现象。如 1964年美国阿拉斯加的地震(Barnes，1966)；1964 年日本新潟地震(Fuji，1964)；1968 年新西兰因南加华地震(Hunt，1970)以及美国圣费尔南多(Oliver et al.，1972)等地震的前后，都发现有重力变化的现象(陈运泰等，2002)。最初人们认为，因为地震，地面的高程发生了变化，重力因此而变化(高程每变化 1cm 重力变化 2～3 微伽[①](许厚泽，2003)。但是通过地面水准测量结果的推算，认识到这种重力变化只是观测到重力变化的一部分，一定还有其他的原因。

另外，在地震之前也发现了重力的变化，于是人们开始注意地下，即地下物质发生的变化和运动，它是导致地面重力变化的一个重要的原因。特别是地震、火山这样强烈的自然灾害，在它孕育发生的过程中，地下发生大规模的物质变化和运动是十分可能的，由此造成地面重力发生变化。人们正是依此机理开展了重力地震的研究，通过对重力点的重复测量，从重力、重力场的变化中去发现地震发生前后地下物质活动的踪迹，依此对即将来到的地震进行预测和预报(贾民育，2000)。经过长时期的发展，重力地震已成为地震研究中一个重要的组成部分。

中国地震局在 20 世纪 60 年代末开始重力地震工作以来，在全国主要的地震活动带布设的重力网，其点数已达 4000，是世界上为此研究设立测点最多的国家(贾民育，2000)。在那以后，重力地震更有了进一步的发展，中国重力测量网络、中国地壳运动观测网络(祝意青等，2010)等的建成，都说明了这一点。

中国的地学界，特别是地震界，在重力地震的研究上取得了丰硕的成果，发表了大量的研究报告和论文。就地震的预测预报来说，迄今已有不少成功的例子，包括长期、中期、短期或甚至地震发生前夕发出的短临预报，其中都有重力地震的贡献。最著名的一个例子当属对 1975 年 2 月 4 日海城 7.3 级地震成功的预报(陈运泰等，1980；陈一文，2010)。对其他成功的地震预测预报，贾民育研究员和高建国研究员都有过专门的介绍(贾民育，2000；高建国，2009)。

2008 年 5 月中国四川汶川 8 级地震的发生，再一次提醒人们地震预测预报工

---

① 1 微伽=10^{-8}m·s^{-2}。

作的重要。任重道远，艰巨的任务摆在我们每一个人的面前。

在重力场变化与地震发生的关系中，究竟是重力、重力场变化中的哪些成分或因素，与地震的孕育和发生存在着关联，而又是现有技术，现有的重力网络能够发现、观测，或者通过数据处理能够得到的？根据这些科学信息就能对地震的孕育进程进行描述，对地震的发生进行预测和预报。这是一个有待研究和解决的问题。

本章试图对我国这方面的研究作一番简要的回顾。我们正处于整个研究进程中的哪一个阶段？已经得到了些什么？需要再做些什么？

2.1　地面重力随时间的变化

地面一点的重力(向量)，是受到地球和其他天体的引力(质量吸引)与地球自转产生的离心力二者之和(Torge, 1993；傅承义等，1985；李瑞浩，1988)。由于地球以外其他天体的引力可以用天文学的理论精确计算出来，本书将重力的定义狭义化，定义为地球的引力与离心力两个向量之和，以便于讨论地球本身与重力的关系(郭俊义，1994)。

地面一点的重力(向量)是可以测量的。它的垂直、水平两个分量可用重力(重力仪)、天文(天文时间纬度测量仪器)技术分别加以测定，两个分量之和(向量)就是该点的重力向量。

重力包含测量所在点的信息(可用于大地测量)和地球内部物质分布的信息(可用于地球物理学)；重力随时间的变化则包含地球变化的信息(可用于地球动力学)(Torge, 1993)。

地面一点重力(向量)的垂直分量(以下称"重力"，全书同)随时间变化的信息是通过对该地点重力的重复测量来得到的。由于它反映了地球内部物质的变化，与环境、资源、自然灾害、全球变化等人类生存息息相关的一系列问题有关，因此是一个非常值得研究而且有趣的问题。按照德国大地测量学家 Torge 教授在他的《重力测量学》一书中对地球动力学原因造成地球质量迁移而引起重力变化的叙述，可分为全球性、区域性和局部性三种不同尺度的变化。

(1) 全球性重力变化。地球内部大尺度质量的迁移、地极的长期变化，以及可能存在的引力常数变化等，都会引起全球性重力的变化。由于可用的绝对重力测量资料有限，迄今对这些问题并没有明确的结论。

(2) 区域性重力变化。缓慢而长时期的区域性重力变化是存在的。它往往与所在区域的地质构造有关，如在构造板块的边缘(长时期应变的积累和释放)，在板块的内部(冰后期的回跳，沉积压实，区域性的新构造运动)，或者在地震区或火山区因地震火山活动而致地壳发生变化的区域。区域性重力变化一般小于 10 微伽，为此往往要建立一个面积相当的重力网(测站相距 10～100km)且进行重复周期为 1～

10 年的重力测量来测定它。得到的往往是整个区域的平均重力变化，或者是区域重力变化的剖面图。

(3) 局部性重力变化。对局部地区进行重力变化的研究往往有其特定的目的，譬如是为了预测地震。建立一个能覆盖研究地区的重力网，且将它连接到毗邻一个重力稳定的地区，对地震区的绝对重力进行重复的测量。往往还同时配有高精度的地面水准测量以监视与重力变化有关的地表形变的现象。

与地震有关的局部性重力变化，即局部地区重力、重力场的变化，是本章要讨论的内容。

2.2　重力变化与地震

重力变化一般指的是一个点或几个点的重力变化，或地面上一条或几条重力测线上点的重力变化(Goodkind, 1986)。

单个台站高精度重力的重复观测可以发现地震的发生，如丽江地震(M7, 1996 年 2 月 3 日)前后距离震中 47 公里处的绝对重力台站，观测到幅度为 −14.8 微伽的重力变化(许厚泽, 2003)，和 Tanaka 报告地震(M6)发生时−6 微伽的重力变化(Tanaka and Okubo, 2001)。

可以根据单个台站连续的重力观测对地震进行研究。我国顾功叙教授等在 1997 年发表的论文"中国京津唐张地区时间上连续的重力变化与地震的孕育和发生"可以被视作这方面的一个代表性研究(顾功叙等，1997)，说明即使是单个台站，通过长期对重力的连续监测是可能对重力变化与地震发生的关系问题做出有价值的研究。在对北京白家疃(BJTN)重力台站 1981～1995 年 15 年间连续观测的重力数据进行了处理以后，所有可能影响重力变化的其他非地震因素，包括仪器漂移、固体潮、高程和地表水位的变化等因素都一一予以改正，用由此得到的"剩余重力变化"和同期 14 次 4～5 级地震的关系作比较，"伴随地震孕育和发生有关的重力变化的基本图像已经显示出来"。结合附近深井地下水的资料，包括对"液体(包括近表水和分布在地壳所有深度上的地下液体)对地震的孕育和发生过程中局部重力变化所起的作用"也有了新的认识。对"剩余重力变化"主要来自其对近地表水和地壳内各个深度地下流体的响应这个发现给出了实测的证据。这与德国的大陆深部钻井(KTB)在最大深度达 9101m 的钻探中所发现的现象是吻合的，即在地下的所有深度都有流体的存在(Behr and Han, 1995)。顾功叙等还修改了原先提出的联合膨胀模式(CDM)，采用了新的模式(MCDM)，并把京津唐张 4～5 级地震区域的应力场变化估计为 5%～7%。研究还提出对近地表水、地下流体和重力变化三者同步监测，加上模式的配合，就"有望能对京津唐张地区地震的孕育和发生提供有用的信息"(顾功叙等，1997)。

除了上述利用一个测点上多年的连续的重力观测研究地震的方法外，也可以用地震前后一条或多条测线上重力点的重力变化(陈运泰等，1980；李瑞浩等，1997)，或两个相邻重力点间重力差观测值随时间的变化(王志敏等，1990)，研究重力变化与地震发生的关系，其中包括对所用重力变化资料真实性和可信性的论证，重力变化的特征和原因，和地震孕育发生的关联，其机制和震源体的物理过程等。

早在 1980 年，陈运泰教授等在 1975 年海城、1976 年唐山地震的研究中使用了长度分别为 250cm、270cm 的两条重力测线上重力变化的测量结果。在计算了同期地面高程变化对重力变化的影响后，指出它的量远不足以解释实际观测到的那个数值。据此，他提出了地下质量迁移说，即重力变化中的主要成分是地壳和上地幔内质量的迁移造成的，并对此作了相应的理论分析(陈运泰等，1980)。

李瑞浩研究员等在对唐山地震进行的研究中使用的也是通过唐山震区的两条重力测线，测量得到的重力变化资料，共 34 期。在扣除了地面沉降、采矿和地下水变化等因素对重力观测的影响后，证明了地震前后重力的变化是真实的。结合地质构造、形变测量和测震结果的有关信息，分析讨论了重力变化的物理机制。该研究还对唐山地震前后重力变化的形态与特征作了分析，指出重力存在"上升—下降—发震—恢复"的一个变化过程，并给出了理论上的解释(李瑞浩等，1997)。

上述这几项有代表性的研究工作都不约而同地把地震前后重力变化的原因指向了地下：地下的液体，近表水和分布在地壳所有深度上的地下水；地壳和上地幔内质量的迁移；其他可能影响地面重力变化的因素等。陈运泰教授等提出的"地下质量迁移"这个概念(陈运泰等，1980)，用"质量迁移"这样一个抽象的概念把地下所有影响地面重力变化的各种因素都概括了进去。

因此，要把这项研究工作深入下去，重要的一点就是要设法找到这个"地下质量迁移"，设法描述它甚至测量它。本书就是在这方面的一次尝试。

有关的研究文献还有很多。例如，对地震发生前后京津唐张地区重力变化区域特征的研究，发现东南部重力变化显著(天津、霸州市、任丘等地甚至达到 +100 微伽)，究其原因是地下水和石油的开采；北部地区的重力则相对稳定(华昌才等，1987，1995)。卢红艳等和贾民育等还利用了更长的重力观测资料，对数据进行更好的处理，对重力变化的地区性特征作了更为详细的研究(卢红艳等，2004；贾民育等，2006)。他们共同指出，对近期华北区域内最强烈的古冶地震(M5，1995 年 10月 5 日)而言，京津唐张重力网是有明确的反应的(卢红艳等，2004；贾民育等，2006)。其他还有大量的研究，可参阅最近发表的有关文献(周硕愚等，2017)。

1989 年在土耳其伊斯坦布尔召开的第 25 届地震学和地球内部物理学协会(IASPEI)上提出对地震发生前兆(异常)应有明确的定义和定量的指标(马丽和李志雄，1994)。关于这方面的问题，已发表的文献有：京津唐张地区地震前重力的异常(马丽等，1994)，滇西、北京及其他一些地区重力场变化的异常指标及特性(孙少安等，1999；王志敏等，1990；王双绪和江在森，1997；陈益惠等，1994)，昆仑山口西、汶川地震(江在森等，1998；祝意青等，2003；祝意青等，2010)，和其他一些地震前后重力变化的异常和特征(张晶，1996；华昌才等，1992；张家志，1987；陈素该等，1987；吴国华等，1997；申重阳等，2003；刘长海，1997；海力，1996)。

2.3　重力场变化与地震

除了 2.2 节那种用局部地区内一个或者几个重力点，一条或几条测线上的多个点，或者两点间线段差上测量得到重力随时间变化的结果来研究重力变化与地震发生的关系外，也可以用局部地区重力场空间分布图的时间变化，或者简称为"重力场变化"，来研究重力变化与地震发生的关系。也就是说，把原先离散的信息整合为时间空间域里连续的信息。这样做的好处是能够更好地展示整个区域重力场变化的总体特征，醒目直观，便于发现粗差的存在，利于研究(贾民育等，1995；孙少安等，1999)。

但是要这样做，在数据的处理上要下更大的功夫。一个地区内重力测量的资料往往来自多个不同的单位，使用的仪器也并不一定相同。例如，在京津唐张地区，自 1966 年以后先后有 11 个单位进行过重力测量，包括相对和绝对、定点和流动等不同类型的仪器，即使是同一型号的仪器，也有多架在同时使用。为此必须把这些绝对和相对测量的资料结合起来，通过对原始观测数据的预处理和联合平差，以绝对重力观测构成的高精度控制网作为连接相对重力测量数据的基础，把众多原先独立的测量数据融合为一体，统一解算区域内各重力网点的重力变化，得到一个绝对的、统一的重力时变系统，给出地区重力场、重力场变化的测量结果(贾民育等，2006；祝意青等，2010)。

这方面比较有代表性的工作有：滇西和京津唐张两地区的重力场变化(李辉等，2000)；京津唐张地区的重力场变化(卢红艳等，2004)；首都圈地区的重力场变化(贾民育等，2006)；汶川地震前后的重力场变化(祝意青等，2010)等。

根据得到的结果，可以对重力场变化和地震关系的问题进行多方面的研究。如对重力变化异常的地区进行识别，其异常幅度和时间的持续性，和地震发生关系的研究(孙少安等，1999)；对滇西重力场变化特征及其与地震关系的研究(贾民育等，1995；吴国华等，1989)；汶川地震前后区域重力场演化特征及其与地震活动关系的研究(祝意青等，2010)等。

其他一些有关的研究可参阅文献(贾民育和孙少安，1992；贾民育等，1994；江在森等，1998；祝意青，1996；海力，1996；祝意青等，1999；刘克人等，1998；刘克人等，1999；刘克人等，2002；孙枢，2002；蒋福珍，1998；周友华等，1999；郭绍忠和李丽清，1997；张国安等，2002；邱泽华和张宝红，1992；吴国华等，1991；

吴国华等，1995；吴国华等，1997；李清林等，1997；周硕愚等，2017；江在森等，2013；江在森等，2017)。

在这里需要指出的是，如果想对地下质量的迁移进行研究，就应该有一个范围足够大的重力场变化资料。因为一个测点，或者是一条测线，是无法提供地下物质在三度空间中活动变化完整的信息。

2.4　重力、重力场变化测量结果中的误差问题

在前述这些研究中，重力观测中各种可能的影响都已经被考虑与改正，如绝对重力观测中的地球潮汐、光速、局部气压、极移、垂直梯度，相对重力观测中的固体潮、气压、一次项、仪器高度、周期误差等(贾民育等，1985；祝意青等，2010)。这样得到的重力、重力场变化结果理应不再有什么问题，对由此得到的研究结果也应有足够的信心。但是为什么总还有一些人认为问题并没有完全解决，对得到的结果存有疑问，认为不能令人完全信服。

人们的这种疑虑是有道理的。迄今还有一个重要的问题并没有被充分地讨论过，这就是重力测量的误差问题。特别是对用相对重力测量方法建立起来重力网中误差的积累，它对重力场变化结果可能的影响，并没有很好地研究过。重力场变化(测量信号)与测量误差的积累(误差)二者并存，并且它们的量级可能相当，这就是我们要面对的现实。如何从手中重力场变化测量的结果中识别出那些真正的重力、重力场变化信号，摒弃或削弱那些由误差、误差积累造成的假象，是一个有待解决的问题。

详细的研究将在后面介绍(第五、六章)。在这里，仅通过简单的模拟计算来开始提出这个问题。

重力网通常由若干条测线组合而成。含有若干测点的一条测线是它的基本构成元素。现在通过这条测线上误差和误差的累积来分析误差对重力、重力场测量结果可能产生的影响。

测量的误差是随机的。对一次具体的测量而言，它的误差是无法知道的，符号可正可负，数值可大可小。对这种随机性质的误差现象，人们以"中误差"来表征它的统计特性。人们虽然对某次测量的误差一无所知，但是可以根据其测量中误差对它进行这样的估计：误差可正可负(概率都是 50%)，误差的绝对值超过 1、2、3倍中误差的概率分别为 32%、5%和 1%(郭禄光等，1985)。

图 2.4.1 是模拟计算的结果。测线共含 21 个点，单个测量段的观测中误差设定为 ±7 微伽(李辉等，2000；卢红艳等，2004；贾民育等，2006)。通过 10 次计算得到 10 条误差累积曲线。误差的随机性，决定了这些曲线的随机性。每次模拟计算，得到不同的误差累积曲线。不失其普遍性，可以用这 10 条曲线作为一个实际的样本来进行分析。

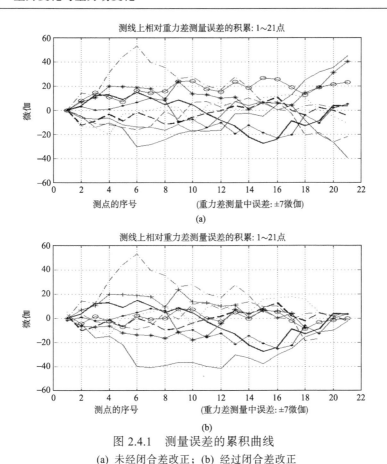

图 2.4.1　测量误差的累积曲线
(a) 未经闭合差改正；(b) 经过闭合差改正

如图 2.4.1 所示，(a)是 10 条误差积累曲线本身，(b)则经过了闭合差的改正，以模拟在测线的两端都是绝对重力站的这一个可能的情况。

可以看出，最大的误差累积可达 40～50 微伽幅度(10 条曲线中有 2 条)。由于它超过了一般被认定的重力变化"异常值"(马丽等，1994)，很有可能会被认为是重力场发生了变化，而没有料到它只不过是误差累积造成的一种假象。

既然误差的积累有可能达到这么大，那么由相对重力测量得到的重力场变化结果还能够用吗？

在存在着误差和误差积累的情况下，得到重力场变化结果的可信性与信号本身的平面尺度有关(第三章)。为了说明这一点，选用图 2.4.1 中的 2 号(图中粗黑线)和 4 号(图中粗虚线)两条误差积累曲线(下面简称为"误差曲线")为例，对测量信号和误差二者合在一起以后的情况作一些讨论。

在前面对重力、重力场变化研究的历史回顾中可以看到，不同的研究者最后都把注意力集中到地面以下质量的迁移，它和地震可能的关联。现在就来讨论由地下质量迁移而造成的重力场变化。在存在着误差和误差积累的情况下，用相对重力测量方法对它进行测量的可能性。

对地下质量迁移用一种最简单的模型，即一个有质量的点源，来计算因它的出现而产生的重力场变化(见第三章)。

图 2.4.2(b)[①]和图 2.4.3(b)表示当地下扰动体(点源)的质量相同但深度不同时(分别为 10km、15km、20km)，地面发生重力场变化的截面曲线(下面简称为"信号曲线")。容易理解，信号曲线的最大值与深度的平方成反比，即深度(10km)增加一倍(20km)，幅度减小 4 倍(图中分别用实线和虚线来加以表示)。图 2.4.2 中的其他 3 张小图，则与上述 2 号误差曲线有关：(a)是 2 号误差曲线本身，(c)、(d)则是信号曲线在误差曲线两个不同位置分别和误差曲线合成以后的结果，也就是人们在实测时看到的重力场变化。显然，信号发生了变化。它的变化与信号本身在整个序列中的位置有关：它可能被抬高(图 2.4.2(c))或者被压低(图 2.4.2(d))；信号本身的大小和形态也都有了变化。

图 2.4.3 与图 2.4.2 一样，唯一的差别是用了另一条误差曲线(4 号误差曲线)。

为研究地下质量迁移，人们要的是信号曲线本身。但误差曲线的存在不仅把整个信号抬高或者压低，而且信号本身的大小和形状也都有了变化。变化的程度与信号在误差曲线中的具体位置有关，因此这种变化也带有随机性。

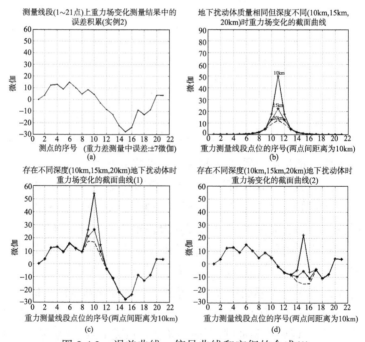

图 2.4.2　误差曲线、信号曲线和它们的合成(1)

---

① 为了叙述上的方便，本书对一张图中含有的几张分图分别用图(a)、(b)、…、(e)这样的称呼来分别标明。次序是自左而右，自上而下。

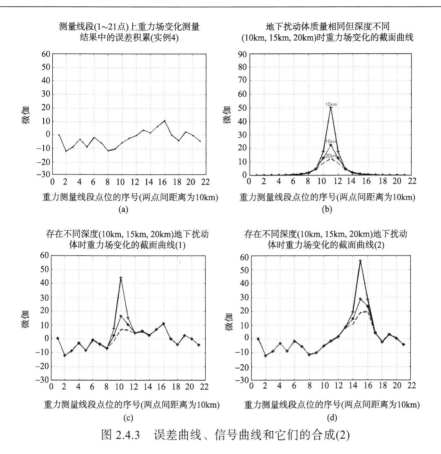

图 2.4.3 误差曲线、信号曲线和它们的合成(2)

信号与误差并存，但误差对信号本身的影响是随机的：可能没有太大的影响、可能稍有影响或大有影响，甚至会把信号的方向颠倒(图 2.4.2(d)虚线部分)，所有这些可能性都是存在的。或许这就是过去研究中有时觉得重力场变化与地震二者间关系明确，有时又觉得二者之间并没有什么关系的一个测量学上的原因。

对研究地下质量迁移而言，它的深度是一个重要的因素。深度越浅，信号的幅度就大，信号本身的平面尺度就小(指信号两侧最大幅度的 35% 处之间的平面距离，它正好等于地下扰动体深度的 2 倍，见第三章)，涉及测量误差的数量少，信号本身形态的变化也小。

可以明确的是，我们面对的重力、重力场变化结果，跟所有的测量结果一样，信号与误差并存。在采用相对重力测量方法的情况下误差的影响问题变得更加突出。在研究重力场变化与地震关系问题时，不得不首先考虑手中的结果，哪些是真正的重力、重力场变化，哪些是误差可能造成的假象？然后才去对这个重力、重力场变化与地震发生之间是否有关的问题进行研究。

对相对重力网中的误差、它的积累、对重力场变化结果的影响，在本书后面的章节中将有具体的讨论。研究结果显示，目前所用的重力场变化资料是有可能对重力场变化与地震发生问题进行研究的，特别是对平面尺度小的重力场变化而言(第七、九章)。

2.5　重力场重力的变化强度

在京津唐张、滇西地区对重力场变化的测量结果中均发现了与各次地震有关的重力场变化，它们是重力场变化与地震发生有关的证据。这些重力场变化信号的平面尺度都比较小，形态突出，容易被发现和辨认，并且往往是在地震的前后成对出现。对这些重力场变化结果进行信噪比的检验，可以认为它们是真实可信的(第七、九章)。

现在提出这样一个问题，在这两个地区，除了这种平面尺度较小的重力场变化外，是否还可能在整个重力场变化的测量结果中找到其他与地震的发生有关的信息？

在纵观一个地区重力场变化的时间序列时，看到重力场的变化是不同的，有相对平静的时候，也有急剧变化的时候，并且地震往往发生在后一种情况出现的时候。于是就出现了这样一种可能性，是否能够找到一个能够描述重力场变化激烈程度的单一参数，即本书提出的“局部重力场重力的变化强度问题”(第 7.7 节)。结果证明，它的时间序列与地震的发生之间表现出一种很好的对应关系(见第七、九章)。每当地震发生时，往往就是重力场重力变化强度的指数达到其极值的时候。这个发现不仅对重力场变化与地震发生的关系问题有了新的理解，还可望将它视为重力场变化的一个参数，用以描述地震孕育发生的全过程。

这同时在告诉我们，在重力、重力场变化的“大数据”中找到更多与地震发生有关的信息是可能的。上述的“局部重力场重力的变化强度问题”只是其中的一个例子。类似的参数，更好的参数，也都是可能的。信号和误差并存，采用大数据的方法对一个地区过去到现在数十年里有关重力场变化和地震发生的历史信息进行分析，依此为参照对该地区地震的发生(包括时间、地点和震级三个要素)进行预测和预报是一件可能的事。

第三章 局部重力场变化与地下扰动体

3.1 地下质量迁移与地下扰动体

在对重力场变化与地震发生关系研究的回顾中可以看到，人们很早就意识到地面重力场发生变化的原因主要来自地下，如地壳和上地幔内质量的迁移(陈运泰等，1980)，液体，包括近表水和分布在地壳所有深度地下水的变化(顾功叙等，1997)，以及地质构造、地表形变(李瑞浩等，1997)等可能的因素。我们观测到的局部重力场变化则是所有这些已知或未知的因素对重力场影响的总和。既然这样，在还没有办法对上述各种不同因素分别加以研究讨论的情况下，用"地下质量迁移"这样一个抽象的概念来代表所有这些因素，而这个"地下质量迁移"在地面上能产生相同的重力场变化。这不失为一种可用的研究方法。当然，具体的做法和效果是一个有待探讨的问题。

理论上可以用多种模式来代表"地下质量迁移"，只要它的出现能对重力场产生同样的变化。如图 3.1.1 所示，用一个均质物体的出现来象征性地表示"地下质量迁移"，其符号可正可负。"正"表示质量在迁入，"负"表示迁出。图中表示的是前一种情况，重力场在隆起。

要将地下质量迁移引入到重力场变化与地震发生关系的研究中去，首要的一点是将它具体化，成为一个可描述的对象。现在采用一种最简单的模式，即一个有质量的点源(以下称为"地下扰动体")，它会使地面重力场发生同样的变化。对这样一个地下扰动体(点源)的描述只需要 3 个参数，即它在地面上投影点的位置(P)、深度(H)和质量(M)。它与重力场变化间的数学关系是确定的，是一一对应的。这样，用一个可描述的地下扰动体(点源)来代替"地下质量迁移"以后，就可以使原先二方之间关系的研究扩展成三方，即重力场变化、地下扰动体和地震之间关系的研究。

当然，"地下扰动体"仍然是一个抽象的东西。是不是也含有一定的物理意义，是否对重力场变化与地震发生关系的研究有所帮助？这是一个需要通过实践来回答的问题。

在图 3.1.1 右侧提供了一个实际的例子，即中国河北古冶地震(1995 年 10 月 5 日，M5)发生前后 6 个月的时间里(1995.42～1995.92)重力技术观测到的重力场变化。将其东西、南北两个截面上的实测曲线(实线)与根据地下扰动体(点源)这一个简单模式所推算的理论截面曲线(虚线)进行比较，二者十分接近。说明这种做法在实用上也许是可行的。

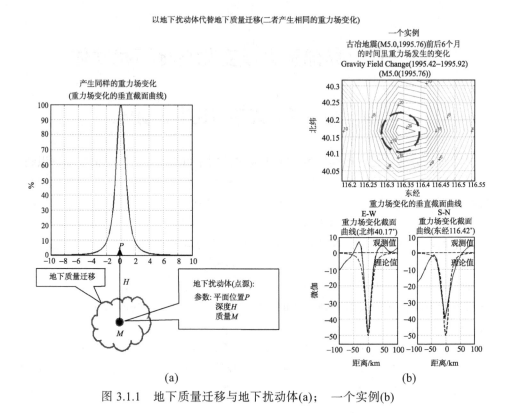

图 3.1.1　地下质量迁移与地下扰动体(a)；　一个实例(b)

3.2　地下扰动体和地面重力场的变化(1)

现在来讨论地下扰动体(点源)和它产生的局部重力场变化二者之间的关系(图 3.2.1)。扰动体 M(点源)的出现会使地面观测者 O(离开扰动体水平距离为 D)观测到一个指向扰动体的向量Δg。这个扰动引力向量的模为 $\Delta g = GM/S^2$，它与引力常数 (G)、地下扰动体的质量(M)和扰动体到观测者的距离(S)有关$(S = (D^2 + H^2)^{1/2})$，其中的 H 是扰动体的深度。

扰动引力向量Δg 可以用它的两个分量来表示(李正心和李辉，2011；Li et al., 2014)：

$$垂直分量：\Delta g_v = \Delta g(H/S) = GMH/S^3 \tag{3.2.1}$$

$$水平分量：\Delta g_h = \Delta g(D/S) = GMD/S^3 \tag{3.2.2}$$

如果观测者用重力仪进行观测，得到的是它的垂直分量Δg_v(以重力单位伽计)；如果用天文仪器观测，得到的是它的水平分量Δg_h，不过这个分量在天文仪器的观测中表现为铅垂线方向的变化(角度θ)。两者之间是可以换算的(张国栋等，2002)，即

$$\theta = \Delta g_h / g_0 \tag{3.2.3}$$

其中，g_0为该地面点P固有重力加速度；θ则以弧度计。

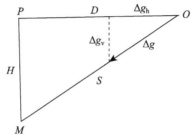

图 3.2.1 地下扰动体M与扰动向量Δg

从实际的重力场变化结果可以看出(图 3.1.1)，重力场变化极值点的地理坐标也就是扰动体(点源)平面位置(P)之所在，因此它的第一个参数，即它的地理坐标，是容易确定的。之后，地面任一个观测点到扰动体的水平距离(D)就因而成为已知。根据在两个不同观测点(离扰动体平面距离分别为D_1和D_2)上观测到的Δg_v，或者Δg_h，组成两个观测方程，即可对扰动体的深度(H)、质量(M)两个未知数同时求解。也可以用更简便的办法，即不直接用Δg_v或Δg_h本身，而是用它们在二个点观测值的比值K_v或K_h，作为一个假想的观测值，按式(3.2.4)，或(3.2.5)，计算出深度未知数H。

$$K_v = \Delta g_{v(1)} / \Delta g_{v(2)} = (S_2/S_1)^3 = [(D_2^2 + H^2)/(D_1^2 + H^2)]^{3/2} \tag{3.2.4}$$

$$K_h = \Delta g_{h(1)} / \Delta g_{h(2)} = (D_1/D_2) \times (S_2/S_1)^3 = (D_1/D_2) \times [(D_2^2 + H^2)/(D_1^2 + H^2)]^{3/2} \tag{3.2.5}$$

其中K_v或K_h是已知的"观测值"，D_1和D_2均为已知，H是唯一的未知数。就重力变化Δg_v而言，当它是通过相对重力网的观测来得到时，由于网内观测误差的积累，实际得到的观测值Δg_v中往往会因此而带有一个未知的误差值C(图 2.4.2)。它是由测线上一路连续进行相对重力测量时的偶然误差累积而成(详见第五、六章)。因此，不同的点，测量线路不同，各自的C值也可能不同。因此在用式(3.2.4)来计算K_v时，原先的$\Delta g_{v(1)}/\Delta g_{v(2)}$会变成$(\Delta g_{v(1)}+C_{(1)})/(\Delta g_{v(2)}+C_{(2)})$，其中$C_{(1)}$和$C_{(2)}$均为未知数。故不能再用这个式(3.2.4)来进行计算。为此，寻找到一种新的方法，即不再直接用Δg_v本身，而是用它的差分。通过推导，可得重力变化的微分(差分)为

$$d/dD\,(\Delta g_v) = -3(GMDH/S^5) = -3(H/S^2) \times \Delta g_h \tag{3.2.6}$$

或写成

$$\Delta g_h = K_{hv} \times d/dD\,(\Delta g_v) \tag{3.2.7}$$

其中

$$K_{hv} = -(1/3) \times (S^2/H) \tag{3.2.8}$$

对任两个差分求它们的比值:

$$K_{dv} = \mathrm{d}/\mathrm{d}D\,(\Delta g_v)_{(1)}/\,\mathrm{d}/\mathrm{d}D\,(\Delta g_v)_{(2)} = (D_1/D_2) \times (S_2/S_1)^5 \tag{3.2.9}$$

$$= (D_1/D_2) \times [(D_2^2 + H^2)/(D_1^2 + H^2)]^{5/2} \tag{3.2.10}$$

这就是根据两个点重力变化差分的比值 K_{dv} 和其已知的 D_1 和 D_2，直接计算扰动体深度 H 的公式。本书将用这种"差分比值法"来对扰动体的深度进行计算。

在求得扰动体深度 H 以后，就可以对扰动体质量 M 单独进行计算。可以根据任一点的 Δg_v，或者 Δg_h，按下列(3.2.11)或(3.2.12)式计算扰动体的质量 M。不过式中扰动体质量 M 是以相对于地球质量(M_E)的比值来表示的，即

$$M/M_E = (\Delta g_v/g_0) \times (S/H) \times (S/R_E)^2 \tag{3.2.11}$$

或者

$$M/M_E = (\Delta g_h/g_0) \times (S/D) \times (S/R_E)^2 \tag{3.2.12}$$

前面已经提到，Δg_v 中往往含有一个未知的常数误差(C)。所以在根据式 (3.2.11) 或式(3.2.12)进行计算得到最终的结果之前，要对这个未知的常数误差进行估计和改正。具体的做法可见后面的实际例子(第 3.4, 3.5 节)。

3.3　　地下扰动体和地面重力场的变化(2)

地下扰动体的出现造成地面重力场的变化，其形态近似一个圆锥体(图 3.3.1)。为了方便，现以通过其最大变化点的任一垂直截面上的曲线来对它进行表示(图 3.3.2)。图中横坐标的计量单位是地下扰动体的深度 H。

当观测者正好位于扰动体的正上方时($D = 0$)，重力变化矢量的垂直分量(Δg_v)达到极大(图中的纵坐标以它为单位(100%))，但是它的水平分量(Δg_h)却等于零。随着观测者离开扰动体在地面上的垂直投影点，前者的幅度快速减小，后者则开始变大；在离开的距离为 0.707H 处时，后者的幅度达到极大(37.80%)，之后则开始变小；二者在离开中心距离为 H 处有一个交会点，幅度相等(35.36%)。

在观测者离开扰动体中心的距离达到 5H 的时候，观测到的两个分量都已变得微乎其微，分别为最大值的 0.7% 和 3.7%(图 3.3.1)。

如果以 20% 作为仪器观测有效性的一个标准，那么对重力仪来说，离开扰动体中心的平面距离不应大于 1.4H(图 3.3.3)；天文仪器离开扰动体中心的平面距离则应不小于 0.22H，但又不宜大于 1.83H(图 3.3.5)。

为叙述方便，本书将用垂直和水平两个"尺度"来描述一个具体的重力场变化

信号。"垂直尺度"指的是它的最大重力变化值，"水平尺度"则简单地借用扰动体深度的 2 倍值(2H)来代表，即重力场变化截面曲线两侧上述两个"交会点"间的平面距离。这当然是一种粗略做法，因为信号底部还有近 1/3 部分其平面截面的实际尺度要大于这个数值。在实际寻找重力场变化的信号时，由于重力网误差的影响，圆锥体信号的底部往往容易和误差混在一起，容易被看到和被识别的往往是信号的上部(图 8.1.1 和图 10.1.1)。因此用地下扰动体深度的 2 倍(2H)来代表信号的平面尺度，在实用上也有其方便之处。

根据地下扰动体(+)和地下扰动体(–)推算的重力场变化

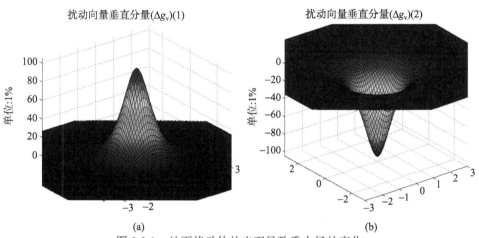

图 3.3.1　地下扰动体的出现导致重力场的变化

(a)为+；(b)为–

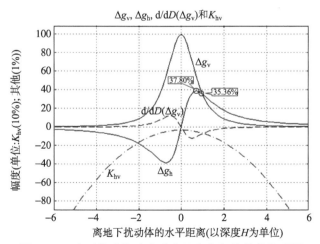

图 3.3.2　地下扰动体造成重力场变化各分量的关系图

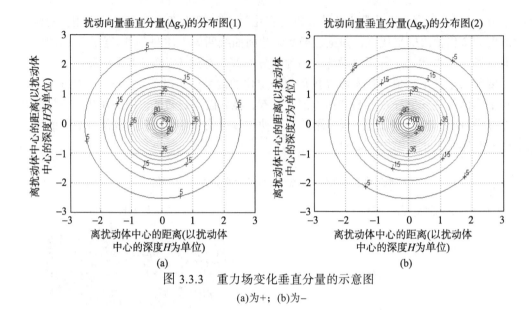

图 3.3.3　重力场变化垂直分量的示意图

(a)为+；(b)为−

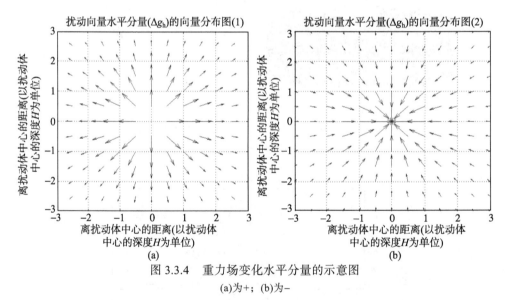

图 3.3.4　重力场变化水平分量的示意图

(a)为+；(b)为−

　　实际被发现的这种与地震的发生有关的重力场变化信号，它们往往在地震前后成对出现(见第七、九章)，先"+"后"−"，或者相反。"+"说明地下质量在迁入，重力场隆起；"−"表示质量在迁出，重力场凹下(图 3.3.1)。

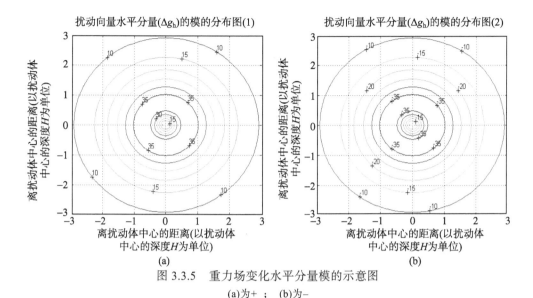

图 3.3.5　重力场变化水平分量模的示意图

(a)为+ ；　(b)为−

(注：向量的模本无正、负之分。在这里只是想借此来表示模相同，但向量的方向是相反的)

图 3.3.1、图 3.3.3、图 3.3.4 分别表示了重力场变化两个分量的分布图。

图 3.3.6 表示地下扰动体质量的变化或深度的变化对重力场变化形态和尺度的影响。在深度相同时，重力场最大变化的幅值与地下扰动体的质量成正比；在质量相同时，重力场最大变化的幅值与深度的平方成反比。

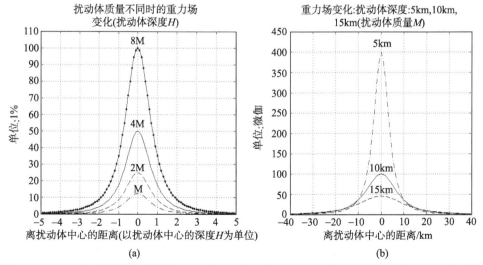

图 3.3.6　地下扰动体深度相同但质量不同时重力场变化的比较(a)；地下扰动体质量相同但深度不同时重力场变化的比较(b)

3.4　根据重力场变化测定计算地下扰动体的位置、深度和质量(模拟计算之 1)

　　为检验 3.2 节中公式的推导，进行了一次模拟计算。参照古冶 M5 地震的实际情况(图 3.1.1)，设定地下扰动体(点源)的地理位置(P)、深度(H)和质量(M)分别为东经 117.5°、北纬 40.0°，15km，3×10^{-13}(以地球质量为单位)。根据这些参数计算出该地下扰动体在地面上造成的重力场变化。图 3.4.1(a)和(b)分别列出了它的重力等值线图，和通过重力变化最大点在东西方向上的竖截面上的截面曲线以及其差分曲线的图。

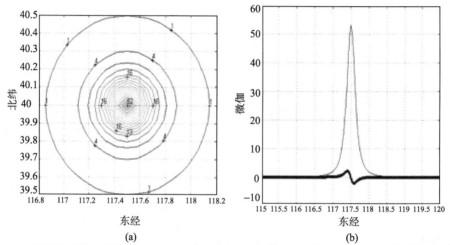

(a)　　　　　　　　　　　　　(b)

图 3.4.1　地下扰动体(深度(H)=15km；质量(M)= 3×10^{-13}(地球质量))在地面上造成的重力场变化(a)；通过重力变化最大点在东西方向上的竖截面上的截面曲线(细实线)及其差分曲线(粗点线)(b)

　　现在根据图中所示结果测定和计算地下扰动体的各项参数，看是否与原先设定的一致，以此来检验本章有关公式推导的正确性。

　　地下扰动体的第一个参数，即它(点源)的平面位置，可以从重力场变化图中直接读出：东经 117.5°、北纬 40.0°。

　　地下扰动体的第二个参数(深度)是根据重力场变化结果中任两个点垂直变化分量(Δg_v)差分之比(K_{dv})及它们各自到扰动体的水平距离(D_1 和 D_2)，按式(3.2.10)计算的。在本章的模拟计算中，均采用通过重力变化最大点的东西向截面曲线及其差分曲线(图 3.4.1 和图 3.4.2)进行深度值的计算。为让尽可能多的点参与计算，截面曲线数据采样点的间隔采用经度 0.5 分(图 3.4.2)。

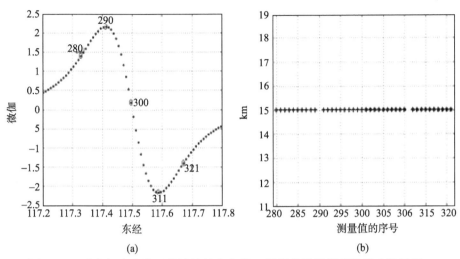

(a)　　　　　　　　　　　　　　(b)

图 3.4.2　重力场变化截面曲线的差分曲线(a)及据此计算得到的扰动体深度(b)

图 3.4.2(a)展示了参加模拟计算的 42 个点(280～321)。根据这些点差分值之间的比值和与其相应的 D 值，计算扰动体的深度，得到的结果表示在图 3.4.2(b)中。所有的结果都等于原先设定的 15km，说明采用的公式和计算软件是正确的。

表 3.4.1 以 287～293 点为例，展示了计算的具体过程。在这些点中，290 点被定义为式(3.2.10)中的(1)号点，其他的则是(2)号点。以(1)号点的差分值依次除以后者((2)号点)的差分值(表中第 2 行)，得到各 K_{dv} 值(表中第 3 行)，配合各自相应的 D_1 和 D_2(第 4 行)，按公式(3.2.10)计算得到地下扰动体的深度(表中第 5 行)。

表 3.4.1　地下扰动体深度的计算和计算结果

点的序号	287	288	289	290	291	292	293
$d/dD(\Delta g_v)$/微伽	2.0460	2.1053	2.1436	2.1564	2.1377	2.0828	1.9873
K_{dv}	1.0539	1.0243	1.0059	1.0000	1.0087	1.0353	1.0851
D/km	73.485	72.775	72.065	71.355	70.645	69.935	69.225
深度/km	15.001	15.001	15.001	0	15.001	15.001	15.001

地下扰动体的第三个参数(质量)是根据重力场变化截面曲线(图 3.4.3(a)) 的 Δg_v 直接代入式(3.2.11)计算的，得到的质量值(图 3.4.3(b)中的粗点线)与原先设定的 3×10^{-13}(单位：地球质量)一致。

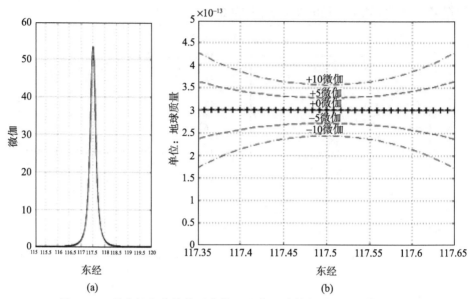

图 3.4.3　重力场变化的截面曲线(a)和依此计算得到的扰动体质量(b)

　　以 297～303 点为例，表 3.4.2 展示了计算的具体过程。配合以各点到扰动体的水平距离(D)(表中第 3 行)，将各重力变化值 Δg_v(表中第 2 行)代入式(3.2.11)，得到扰动体的质量值(表中第 4 行)。

表 3.4.2　地下扰动体质量的计算和计算结果

点的序号 (东经/(°))	297 (117.25)	298 (117.33)	299 (117.42)	300 (117.50)	301 (117.58)	302 (117.67)	303 (117.75)
Δg_v/微伽	52.524	52.384	52.912	53.090	52.912	52.384	52.524
D/km	213	1.42	0.71	0	0.71	1.42	2.13
质量/(单位:地球质量)	3×10^{-13}	3×10^{-13}	3×10^{-13}	3×10^{-13}	3×10^{-13}	3×10^{-13}	3×10^{-13}

　　需要说明的是图 3.4.3(b)的 4 条虚线。它们是将整个重力场变化的截面曲线分别抬高 +5 微伽、+10 微伽，或者压低–5 微伽、–10 微伽以后分别再次进行计算时得到的结果。跟预料的一样，这些结果都偏离了原先设定的质量值。也就是说，重力场变化的结果是否被整体抬高，或者压低，是可能在所计算得到的质量值的系列结果中表现出来的。如果不存在这种被抬高或者被压低的现象，计算得到的质量值理应表现为一条直线(图中的粗点线)；否则就会偏离直线，成为一条曲线。用上述这些不同的抬高或压低的数值，得到的是一个与直线(粗点线)呈对称的曲线族。这就为人们提供了这样一种可能性，即从质量结果是不是一条直线来判断所用的重力场变化截面曲线是否被抬高，或被压低；从曲线的弯曲方向和程度来对被抬高，或

被压低的程度进行判断；最后用逐次趋近法来得到直线的结果，即地下扰动体本身的质量。在 3.5 节中，就是利用这一方法来判断重力场变化结果是否存在被整体抬高或压低的现象。如果存在这种现象，就可以用这种办法去尽量减少它对质量计算值的影响，以保证结果的可靠性。

上述模拟计算证明了有关公式的推导正确无误，使用的软件正确。

3.5　根据重力场变化测定计算地下扰动体的位置、深度和质量(模拟计算之 2)

重力网的测量误差，特别是网中误差的积累，会对所得重力场变化信号带来明显的影响(第二、五章)。它不仅能抬高或者压低整个信号(图 2.4.2 和图 2.4.3)，并且还可能使信号本身的形态发生变化。对这种含有误差的重力场变化信号还能用本章叙述的理论和方法来计算地下扰动体的各项参数吗？现在仍然通过模拟计算来回答这个问题，看误差和误差的积累，究竟能对计算结果产生多大的影响。

为便于叙述和理解，模拟计算的方法与前节完全一样，唯一的差别是在前述的重力场变化截面曲线上加上一条误差的累积曲线。

误差累积曲线的组成参照了京津唐张地区的重力网。假设存在一条东西向的测线，上面有 21 个均匀分布的测点(见第 6.2 节)。相邻两重力点间的重力差由相对重力仪测定，测量中误差为 ±7 微伽(李辉等，2000)。在测线上逐点推进时测量误差在积累。推进到测线的另一端时，产生的闭合差将用线性的方法予以配赋(希洛夫，1955；董德，1996)。

图 3.5.1 的误差累积曲线(21 点)是一个例子，该曲线是用模拟的方法随机得到的(图 3.5.1(a))。为了能够和重力场变化曲线的点距匹配，将其内插加密成"误差累积曲线(601 点)"(图 3.5.1(b))，然后与前节所用的重力场变化截面曲线(图 3.5.1(c)，即图 3.4.1 中的截面曲线)合并，得到的就是实际测量时观测到的实测曲线。它的形态已发生了显著的变化(图 3.5.1(d))。

对这条含有误差的实测曲线(图 3.5.1(d))按 3.4 节中同样的方法进行计算，得到图 3.5.2 与图 3.5.3 的结果。

在计算扰动体的质量时，最初得到质量值并且不一定就是图 3.5.3(a)所示的最后结果，即在重力场变化最大点两侧的一定范围内质量计算值表现为一条直线的这个结果。这是把重力场变化截面曲线(图 3.5.1(d))整体抬高了以后才得到的(改正数为 +3 微伽)。同时还用了两个不同的改正数(+13 微伽和 −7 微伽)，分别计算了扰动体的质量(图 3.5.3(b))。对照图 3.4.3 和有关的讨论，知道采用 +3 微伽这个改正数后得到的结果是正确的。因为只有正确改正了截面曲线被抬高或被压低以后，计算的

结果才会变成一条直线。对此结果求平均，得到了 3.623×10^{-13} （单位：地球质量）
的最后结果。

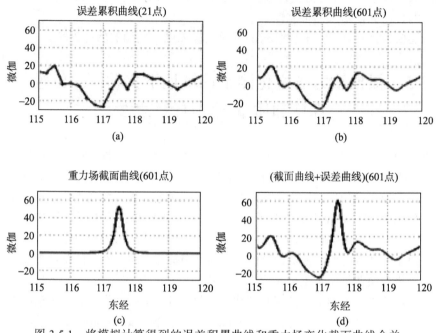

图 3.5.1　将模拟计算得到的误差积累曲线和重力场变化截面曲线合并

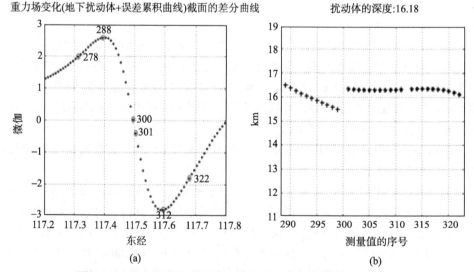

图 3.5.2　重力场变化截面曲线(地下扰动体+误差影响)的差分
曲线(a)和据此得到的扰动体深度结果(b)

　　计算得到的深度结果(16.18km)和质量结果(3.623×10^{-13}, 单位: 地球质量)对原先的设定值 (15km 和 3×10^{-13}, 单位: 地球质量)都有所偏离, 误差分别为 1.18km 和 0.623×10^{-13}(单位: 地球质量); 如果用相对误差表示, 则分别为 7.8% 和 20.8%。说明重力网的测量误差确实会对地下扰动体参数的测定产生一定的影响。对这种影响的进一步研究将在第六章中进行。

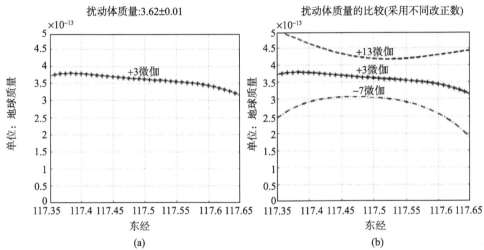

(a) (b)

图 3.5.3　根据重力场变化(扰动体+误差)截面曲线计算得到的地下扰动体质量(a)和采用不同改正数时计算结果的比较(b)

第四章 滇西重力网和京津唐张重力网

4.1 中国的重力测量网络

中国地震局自 20 世纪 60 年代末开始用重力的方法研究地震预报，到 80 年代初在全国主要的地震活动带上已经布设了 20 多个区域重力网，总测点数达 2245 个，成为当时世界上为此类研究设立测点最多的国家。但由于使用的仪器仍以石英弹簧重力仪为主，精度偏低，除少数测点外并不能识别出地震引起的重力变化。80 年代中期引进了一批拉科斯特(LCR)重力仪后，开始了真正意义上的地震重力测量。在一些地震的前后观测到重力、重力场的变化，幅度达 40～70 微伽(贾民育，2000)，看到了重力技术在地震预报研究中的前景。

自那以后，中国地震局在重力测量方面继续投入大量的人力和物力，对分布于各个地震高发区的局部测网进行整合，形成了全国性的、覆盖中国大陆的地震重力监测网络。为进行重力场时间变化(重力场变化)的观测以监测地震的发生，逐步形成了目前由 84 个连续重力台(秒或分钟采样)、105 个绝对重力点、约 4000 个相对重力点的中国地震重力监测网。全网分为重点监测区和一般监测区两大部分。重点监测区包括南北地震带、大华北地区和新疆等省区，平均测点间距 20～50km，每年观测两期。一般监测区包括西部、东北和华南部分地区，测点平均间距 50～100km，东北地区每年观测一期，西部和华南每两年一期。该网能有效获取我国大陆重力场变化动态的信息，满足我国地震短、中、长期预测需求，为地震科研提供基础观测数据，并可用于我国重力基准维持(周硕愚等，2017)。可以说，中国重力测量网覆盖的面积、连续观测的时间和观测的精度，都已在世界上处于领先的地位。

面对这样一份极其丰富的科学实验资料，我们不仅要自问，我们对它的研究，对其中有关地震发生信息的发掘，是不是已经够了？为什么在重力地震的研究上至今还没能取得突破性的进展呢？(陈运泰等，2002)

新的思路、更好的数据处理方法、更深入的研究，都在等待人们去做。争取早日在重力地震的研究中获得突破，这个光荣而又艰巨的任务摆在我们每一个人的面前。

本章中将介绍其中的两个重力网，即云南的滇西重力网和华北的京津唐张重力网。本书研究所用的重力资料就是来自这两个重力网。

4.2　云南的滇西重力网

云南是我国破坏性地震多，受灾频繁、严重的省份之一。土地面积仅占我国国土面积的 4%，却承受了全国破坏性地震 20%的分量。1833 年 9 月 6 日(清道光十三年七月二十三日)云南嵩明的 8 级地震，"压死数万人，倒塌房屋 48888 间，草房 38733 间"(唐锡仁，1978)。1996 年 2 月 3 日丽江发生 M7.0 地震，损失严重，受灾人口达 107.5 万，人员伤亡 17221 人，其中 309 人丧生，3925 人重伤；房屋倒塌 35 万多间，损坏 60.9 万多间，粮食损失 3000 多万千克。毫无疑问，云南省是我国重力地震工作最早重点关注的地区之一。

自 1984 年起,中国地震局与德国汉诺威大学等单位合作建立滇西实验场。它的范围是 24°N～27°N, 99°E～102°E, 东起南华，西至保山，南经云县，北到丽江，面积约 8 万平方千米(图 4.2.1)。它位于南北地震带南端，区内地质构造复杂，现代构造

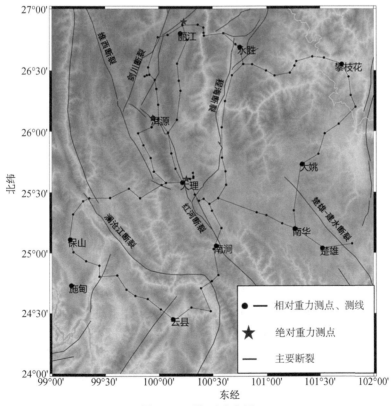

图 4.2.1　滇西重力网

运动强烈，地震活动频繁，是进行地震预测预报研究的良好场所(吴国华等，1991)。先后建立了地区的相对重力网、微重力网、绝对重力网及垂直梯度测线等在内的高精度重复观测的重力网。全网共有固定观测标石135座(其中有4个是绝对重力点，即弥渡，下关台，保山，丽江台。由国家计量院分别于1981年5月和1986年4月予以测定)。140个重力测段构成6个闭合环，路线全长约2300km。所有测线均有水准路线通过以测定重力点的高程，以同时知道地壳的垂直形变情况(吴国华等，1991)。

全区相邻两重力点间的平均距离是17km。在以研究区域性重力变化为目的地方，点距为20～40km；在构造活动地区，地震发生可能性较大的地区(如定西岭、下关以东、洱源、海虹等)，点距的平均距离为3km。为研究地下水及洱海水位变化对重力观测的影响，分别在大桃、保山、剑川3个深井旁及洱海西侧的金河和南边的实验场布设了专门的重力观测点。区内两重力点之间的最大重力差为80余毫伽，最小重力差为50余毫伽。重力总的趋势是南高北低，最大最小相差400余毫伽。连续的重力差最大可达190毫伽。区内弥渡、下关两个绝对重力台站的观测，可以对流动重力观测的资料进行验证(吴国华等，1991)。

滇西实验场的野外复测周期原定为每年两期，上半年3～5月、下半年10～12月各复测一次。为研究降雨量对重力场观测的影响，1986年夏季(7～8月)开始在测网的重点地区(南华—保山，南涧—丽江及下关附近80个测段)增加了一期观测。野外观测的方法为往返=单程闭合，即双程测量法。

滇西重力网自1985年起使用拉科斯特重力仪每年进行2～3次重复测量，仪器的观测精度为±7～10微伽 (贾民育和孙少安，1992；李辉等，2001)。

4.3　华北的京津唐张重力网

华北是我国五个主要地震地区之一。据统计，该地区有据可查的8级地震有5次；7～7.9级地震有18次。其中1679年9月2日(清康熙十八年七月二十八日)发生的八级地震就在北京东面60km的三河和平谷，损失惨重，是历史上著名的地震之一。据《乾隆三河县志》记载："巳时地震，从西北至东南，如小舟遇风浪，人不能起立，城垣房屋存者无多，四面地裂，黑水涌出，月余方止，所属境内压毙人民甚众。"《民国23年平谷县志》记载了另一次强震："七月平谷地震极重，城乡房屋塔庙荡然一空，遥望茫茫，了无障隔。"据统计，三河县死亡2677人，平谷县死亡万余人。再如近期1976年7月28日的唐山M7.8地震，死亡人数达二十四万两千，更成为历史上最严重的一次自然灾害。对这个地区地震的研究，防患于未然，其重要性是不言而喻的。

自1966年邢台M6.8地震以后，中国开始了有组织的地震预测预报工作，其中包括了华北地区的重力测量工作。先后参加该地区工作的有河北省地震局、中国地震局综合观测中心、中国地震局香山地震台、中国计量科学研究院、中国地震局地震研究所、中国地震局分析预报中心和国家测绘局等单位(贾民育等，2006)。重力网的规模是不断发展的，最初只有 4 条测线 32 个测点。到 1985 年，扩大到 6 条测线 48 个测点，京西北、京北及京东地区各一条，加上构成两个闭合环的南部 3 条测线,东西横跨 300 余千米南北纵深 150 千米，覆盖面积约 20 万平方千米(图 4.3.1)。1991 年对该网进行了一次改造，更名为中国地震局首都圈地震监测网，测点增加到 78 个。2001 年再一次进行了改造，除了首都圈防震减灾示范区工程流动重力网的测点外，还保留原来网的所有测点，重力网测点的总数达 134，总共复测 51 期。由于 1985 年前的测网只有两环一线，且只有 32 个测点，一般的研究都选用 1985 年以后的资料观测(卢红艳等，2004)。

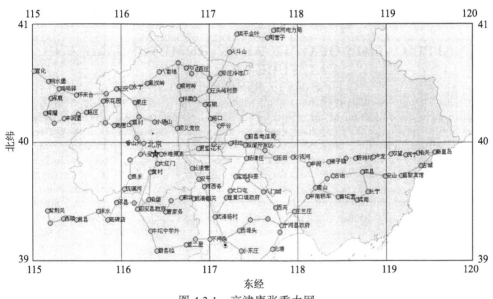

图 4.3.1　京津唐张重力网

自我国国家地震局地球物理研究所与美国哥伦比亚大学签署了"从 1980 年 10月起为期三年的关于重力场局部变化与地震发生关系的合作研究协议书"以后，1981 年起用的是该合作研究项目提供的 3 台 LaCost-Romberg G 型重力仪(G147, G570, G596)，测量精度约为 8～10 微伽(卢红艳等，2004)。

就所在地区和重力网的情况来看，京津唐张、滇西两个重力网的观测资料无疑是中国重力网络中最值得研究的部分。

4.4　从天文铅垂线变化的研究到京津唐张、滇西重力网观测资料的重新处理与归算

国际天文学联合会(IAU)第 19 委员会(地球自转)在第 21 次全会上(1991 年)通过了一个关于"光学天文时间纬度测量"的决议(IAU，1991)。其中指出，对国际上地球自转参数的测定工作而言(李正心，1986)空间技术已经取代了地面天文光学技术。但是，对这一项技术的研究仍要继续下去，因为对整个科学技术来说，地面天文光学技术是唯一"对垂线偏差变化"(或称"铅垂线变化")敏感的技术。因此，邀请国际大地测量协会(IAG)来接受这一项研究任务，并要求中国科学院上海天文台的光学天文时间纬度观测资料分析中心继续存在下去，收集全球的观测资料和对在"依巴谷星表参考架"中测定铅垂线变化低频分量的可能性进行探讨。全文如下。

APPLICATION OF OPTICAL ASTROMETRY TIME AND LATITUDE PROGRAMS
Commission 19, Rotation of the Earth

Considering that modern astrometric observation provide a unique set of data sensitive to variations in the deflection of the vertical, that optical astrometric data previously used to measure the rotation of the Earth have been shown to measure the variations in the deflection of the vertical, that the collected astrometric data contain valuable information on star positions including radio stars, that Recommendation 7 of the Working Group on Reference System calls for new comparisons between reference frames, thanks the Shanghai Observatory for establishing and operating an analysis center for optical Earth rotation data, and recommends that optical astrometric data continue to be collected by the Shanghai Observatory in order to investigate the possibility of deriving long-term variations in the deflection of the vertical within the reference frame provided by HIPPARCOS, and that the International Association of Geodesy be invited to consider undertaking this project, to provide data for the connection of celestial reference frames.

国际大地测量协会(IAG)对铅垂线变化，包括它与地震发生关系的研究，早在 1925 年就已经开始。日本著名天文学家木村向 IAG 报告了水泽纬度观测值中 0.18″的异常变化，认为这与邻近地震的发生有关(Kinura，1925)。自那之后，国内外的研究不曾断过，特别是唐山大地震后的中国天文界，掀起一股研究的热潮(李致森等，1978；韩延本等，1986；胡辉等，1988；张国栋等，2002；罗葆荣等，2002)，在国际上产生了一定的影响。

在 1991 年的第 20 次全会上，IAG 第 5 委员会(地球动力学)接受了 IAU 的建议，成立了一个专门研究组 SSG5.146: Processing of optical polar motion data in view of plumb line variations (1991—1995)以具体推进这项研究工作(IAG，1991)。4 年后的

IAG 第 21 次全会上，又再次成立了一个专门研究组 SSG5.175：Interannual variations of the vertical and their interpretation (1995—1999) (IAG，1995)。在两个国际学术组织的支持下，我国天文界有关科学工作者全程参加了这项研究工作(Li et al.，1992)。

　　工作在光学天文时间纬度观测中提取的铅垂线变化和各种地球物理现象间关系的研究开始，包括潮汐、海平面变化、大气异常折射、南海涛动(SOI)、尔厄尼诺现象、地球自转日长变化、全球变化、地震等方面的研究，说明铅垂线的变化中确实含有地球物理诸多方面的信息(Li et al.，1994；李正心，1995；Li，1996； Li，1998)。其中最有兴趣的当属和地震发生的关系(李正心和李辉，2008)。1999 年在英国伯明翰举行的 IAG 第 22 次全会上，报告了中国丽江 1996 年 2 月 3 日 M7.0 地震前后滇西地区铅垂线的变化情况，引起了与会者的注意。

　　由于可用天文资料的局限性，其中包括天文台站的数量和地域的分布，以及天文观测的实际精度，难于单独对铅垂线变化与地震发生的关系进行更为深入的研究。在国外有关文献的启发下(Barlik and Rogowski，1989；Barlik，1996)，本书作者开始利用重力测量的资料(Li，1998；Li et al.，2005)，从重力测量的结果中计算铅垂线的变化，然后去研究这个问题(Li et al.，2005；Li et al.，2009；李正心和李辉，2011；Li et al.，2014)。

　　研究工作自始至终得到了国家自然科学基金(三期共 9 年)的支持，也曾得到美国国家科学基金(NSF)2 年的支持。我国地震界的热情支持和帮助也是极为重要、不可或缺的。为利用我国已有重力测量的历史资料，在国家自然科学基金的支持下，中国地震局地震研究所李辉研究员等对 1999 年前中国滇西、京津唐张二个重力网的重力测量资料进行了重新处理和归算(李辉等，2000； 李辉等，2001)，为本书的研究工作提供了高质量的科学数据。这是必须在这里强调的一件事。

　　李辉研究员在重新归算中对一些重要的问题进行了专门的研究，系统地研究了重复重力测量中重力场变化空间基准的确定，将绝对重力测量结果引入到时间基准的计算中，讨论了与重力变化计算有关的其他问题，如格值的影响、点位的移动等。工作量很大，十分不易，但显著地提高了这两个重力网这一份历史资料的质量，为继后的研究奠定了良好的基础。这是一个例子，说明资料处理工作的重要性。同样的重力网，同样的历史观测资料，不同的处理和归算，得到不同质量的结果，对重力场变化与地震发生关系问题的研究也可能得到不同的结论。

　　李辉研究员这次资料处理的具体的情况可参阅文献(周硕愚等，2017；刘冬至等，1991；李辉等，1991；贾民育等，1999；李辉等，2000；李辉等，2001)。

第五章 重力场变化测量中的几个问题

5.1 绝对重力测量网和相对重力测量网

对局部重力场变化的测量是通过建立一个重力网，对其进行重复的观测来实现的(Torge, 1993)。最好的方法就是在每个网点上都放置一架绝对重力仪，进行连续的观测。为讨论方便，下面称这种网为绝对重力测量网，或简称为"绝对网"。这是一种理想的重力网，但在实际上是难以做到的，特别是对大规模的重力网，很难设想能在上百个网点上都配置一架绝对重力仪。因此，实际上往往采用了一种替代的办法，即用流动的相对重力仪在各网点间进行观测，以得到的重力差值来构建一个重力网。下面称这种网为相对重力测量网，或"相对网"。

在相对网的测量中，用一台或数台相对重力仪，按一定的路线对线上相邻两网点间的重力差进行观测，逐点推进，将若干条线路的观测合在一起以后成为一个统一的重力网。在一期这样的观测过程中，各网点进行观测的时间并不一致。但相比于地面重力的变化，这种时间上的不一致在实用上可以被忽略，认为它们是在同一个时间观测得到的，并取所有观测的平均时刻作为这一期观测的统一时间。一期观测结束后，几个月或者半年以后再进行下一期观测。如此一期接着一期，相对网的资料就是这样积累起来的。

相对网内往往在个别或少数的网点上配备了绝对重力仪，同时进行观测，作为连接各期测量数据的依据。也有用专门的线路把网中一点连接到外部的绝对重力台站上去的(李辉等，2000)。

上述两种网的区别主要在于观测误差的积累与否。绝对网网点的重力值是由绝对重力仪的观测得到的，它的误差是独立的；相对网网点的重力值是由有关的观测推算而来，它的误差是有关观测误差的积累，因而与其他点的误差是相关的。当然，这两种网之间也存在着某种联系。讨论二者的异同是本章的内容之一。

5.2 相对重力测量网的误差问题

相对网与水准测量的自由网一样(郭禄光和樊功瑜，1985； 陶本藻，1984； 董德，1996； 希洛夫，1955)，都是对网中相邻网点间的某个物理量之差进行观测。

前者是重力差，后者是高程差。在处理整个网的数据时也十分相像，采用与外部系统没有任何联系的条件平差(郭禄光和樊功瑜，1985)，得到的是网中一点对"起算原点"(通常假设为零)而言的差值(重力差或高程差)。

图 5.2.1 是一个相对网，均匀的方格，$21 \times 7 = 147$ 个网点，总共观测了 $20 \times 7 + 21 \times 6 = 266$ 个重力差值。取网的中心点 A 为全网重力值的起算点(通常定义其重力值为 0)并对所有的观测值进行测量平差，得到其他 146 个网点的重力值，也就是各网点对起算点 A 而言的重力差值。

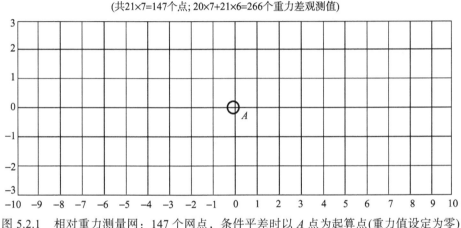

图 5.2.1　相对重力测量网：147 个网点，条件平差时以 A 点为起算点(重力值设定为零)

按照测量平差理论(郭禄光和樊功瑜，1985)对各网点重力值的中误差进行估算。这样的估算共进行了两次，采用的是不同的起算点(图 5.2.2)：上面的分图用网的中心点 A 作为起算点，下面的则用了 B 点。图中网点重力值的中误差用等值线表示，数值的单位是相对重力仪的观测中误差 m，即 $\pm(7\sim10)$ 微伽(李辉等，2000)，或 $\pm(8\sim10)$ 微伽(卢红艳等，2004)。

图 5.2.2 说明相对网各网点重力值的测量中误差并不相同，它是一个精度不一致的网。

如果这是一个绝对网，那么在所有的网点上都有一台绝对重力仪在进行观测。只要它们的观测精度一致，它就是一个精度一致的网。所有网点重力值的测量中误差都是一样的。

为了更好地表示出相对网误差积累的特点，在这里作这样一个假设，即绝对重力仪和相对重力仪的观测中误差都是同样的 m 值，在这种情况下对这两种网作如下直接比较(图 5.2.3)。

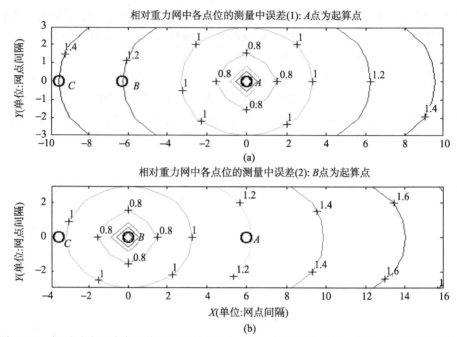

图 5.2.2　相对重力网中各网点的测量中误差：以 A 点为起算点(a)；以 B 点为起算点(b)。
(图中数值以相对重力仪的测量中误差 m 为单位)

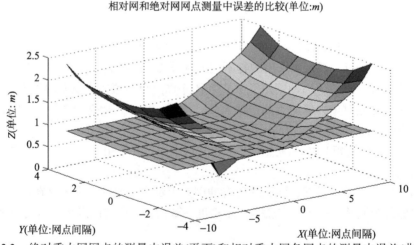

图 5.2.3　绝对重力网网点的测量中误差(平面)和相对重力网各网点的测量中误差(曲面)[①]
(图中数值以测量中误差 m 为单位)

---

① 需要说明的是，这样的假设显然会被认为是不妥当的，因为绝对重力仪的测量精度已显著超过相对重力仪的测量精度(顾功叙等，1997；祝意青等，2010)。但是，为了用对比的方法形象地比较二者的异同，说明相对网误差积累的特点，还是借用了图 5.2.3 这样的表示和比较的方法。望读者理解。

前面已经提到，绝对网网点的测量中误差处处一样，都等于 1(单位：m),图中用一个高度等于 1 的平面来表示；图中的曲面来自图 5.2.2,表示以网的中心点 A 为起算点时相对网各网点重力差值中误差的分布情况。这个曲面与平面的截面是一个圆，即图 5.2.2 中等值线为 1 的那个圆(用网点的数量来表示大致是 7×7 的范围)。圆圈上网点的中误差都是 1, 也就是说这些点不论是在绝对网还是在相对网，重力值或重力差平差值的中误差都是相同的，都等于 1；但在其他的地方，两个网的精度就不再相等。在该圆圈内(为便于行文，以下称这个圆为相对网的"适用范围"),相对网网点的误差小于 1(m),优于绝对网；在圆圈外，相对网网点的误差大于 1(m),差于绝对网，并且离开起算点越远就越差。这种情况也是容易理解的。因为经过平差，相对网的测量数据得到了优化，因此在它的"适用范围"内能有更小一些的中误差，优于绝对网；但是，相对网网点的重力差值并不是独立得到的，是从起算点依次向外类推，误差在累积，逐渐变大，在离开"适用范围"以后，即离开起算点大致 3 个网点以后中误差终于大于 1(m),并且误差会越来越大。理解这一点，对设计相对重力网，充分发挥它的长处，避免它的短处，有重要的意义。

这样也就不难理解为什么网中同一个点，如 C 点，在采用不同起算点 A 或 B 时，中误差会不一样 (图 5.2.2)。问题在于 C 点的重力差值是相对哪个参考点而言。C 点离开 B 点要近于 A 点，涉及的观测量要少，其"重力值"，即相对于 B 点而言的重力差值，测量中误差就小；但是对 A 点而言，C 点的重力值，即相对于 A 点而言的重力差值，涉及了更多的观测，积累更多的观测误差，其测量中误差因此就更大。

理解相对网误差的这种相对性，即采用不同起算点时同一网点测量的中误差不同，是一个重要的概念。具体估算任何两个网点间重力差值的测量中误差，进而去判断这个重力差测量值的可信性时，只要把其中一个格网点设想为图 5.2.2 中的起算点，画出其相应的误差分布图，然后找出另一个网点在这张图中的相应位置，读出它的测量中误差。如果在这两个点上观测到的重力差值(信号)与该测量中误差(噪声)二者之间的比例(信噪比)大于 2 或 3, 那么该重力差的测量值是有意义的，不是测量误差造成的假象(郭禄光和樊功瑜，1985)。在本章的后面，将用实际的例子对此作进一步的说明。

理解了相对网误差的这种相对性以后就能懂得，相对网为什么还是能用来对局部重力场的变化进行测定。在进行这种测量时，最关心的是重力场变化信号本身的形态不要失真，尺寸要准确。至于整个信号是否被抬高，抬高了多少，不是问题的关键。只要测量信号本身的"平面尺度"(第 3.3 节)足够小，涉及的重力网点数量就少，对信号形态的影响就小。因此，对研究地下质量迁移来说，只要其深度和范围都有限，相对网还是一种有效的工具(详细的讨论将在第六章中进行)。

因此，相对网和绝对网这两种不同的重力测量网还是各有其用处的。对一个大规模的重力网，如果关注的是网内大范围重力场的变化，那么的确有必要考虑采用绝对网；如果要测量的仅仅是平面尺度较小的局部重力场变化，那么相对网仍是一种可能的选择，不管这个局部重力场变化此时处于重力网的何方。因此，对重力地震研究来说，相对网仍不失为一种有用的测量手段。

5.3   相对重力测量网的规模问题

一般总认为，网的规模越大越好，所以把尽可能多的网点连接在一起，成为一个统一的大网，同时观测，一起平差。这样做的好处在哪里？又能好到什么程度？什么规模的网才是一种经济、实惠、有效的网？这是一个值得研究的问题。

首先应该说明的是"规模"二字的含义。对相对网的测量来说，"规模"指的是网点的数量，不是网覆盖的面积。因为在相对网的测量中，误差是从点到点的积累，与这些点之间的几何距离没有直接的关系。

5.2 节中已经说过，相对网的适用范围当用网点的点数来表示时大致是 7×7。现在来讨论，在这个尺度的上下，网点测量精度与网的规模大小的关系。

图 5.3.1 是一个算例。图中有四个重叠的相对重力网，它们的尺度分别是：(9×9)，(7×7)，(5×5)，(3×3)。对它们分别进行条件平差，得到图 5.3.2 所示的误差分布图。

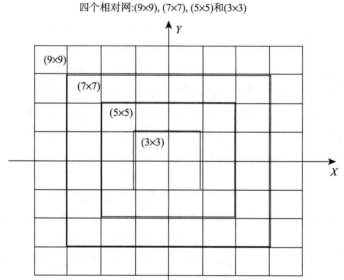

图 5.3.1   网的点数分别为 (9×9)、(7×7)、(5×5)和 (3×3)时的相对重力网

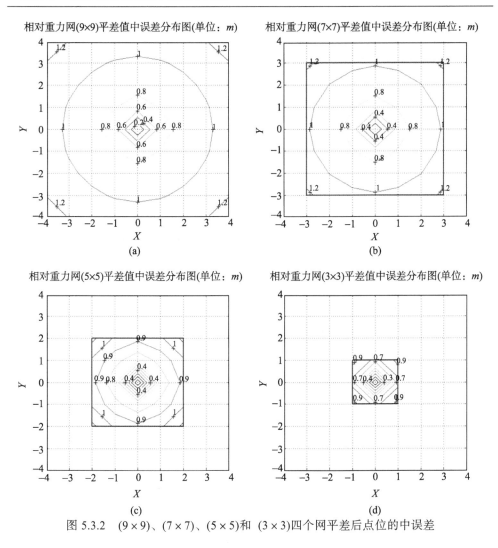

图 5.3.2　(9×9)、(7×7)、(5×5)和 (3×3)四个网平差后点位的中误差

　　从这几张图可以看出,网点平差值的中误差是中心对称的,因此可以用 X 轴(图 5.3.1)上点的测量中误差的变化来说明网的规模与误差的关系(表 5.3.1)。这些数据表明,网的扩大对提高网点精度的帮助非常有限。以最靠近中心点(起算点)的那个点为例(表中的点位为−1 和 1),网的规模依次扩大,网点数量几何级数般地增加,但该点测量中误差的减小却十分有限。表中其他几个点的情况也基本如此。

　　鉴于相对网规模的扩大对测量精度的提高帮助不大,其规模的设计主要不在于测量的精度,而是在于测量对象(重力场变化信号)的尺度,究竟需要多少个网格点来将它覆盖住。采用尽量小但规模适当的相对网是一种正确的选择。

表 5.3.1　四种相对重力网平差值中误差比较　　　　　(单位：m)

点数 ＼ 点位	−4	−3	−2	−1	0	1	2	3	4
9×9 (81)	1.08	0.97	0.87	0.71	0.00	0.71	0.87	0.97	1.08
7×7 (49)		1.02	0.88	0.72	0.00	0.72	0.88	1.02	
5×5 (25)			0.93	0.72	0.00	0.72	0.93		
3×3 (9)				0.76	0.00	0.76			

5.4　重力网网点的密度问题

对以测量重力场变化为目的的相对重力网来说，重力网的设计，特别是其网点密度的设计是一个关键的问题。网点的密度当然越密越好，但是成本、工作量都会直线上升；网点稀了就会导致信号的形态被扭曲、幅度被压缩。图 5.4.1 是一个实际的例子，由于最中间那个网点偏离了重力场变化的最高点，重力场变化的尖峰部分显然被削掉了，其形态似也被扭曲了。

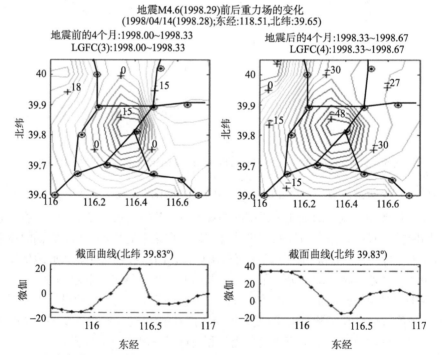

图 5.4.1　京津唐张重力网测量得到的一个重力场变化结果(下面是东西向的截面曲线图)

(图引自(Li, 2014))

有必要对网点密度与测量结果的关系进行一些讨论。图 5.4.2 和图 5.4.3 给出了一些实际的算例，说明网点密度是怎样影响重力场变化的测量结果的。

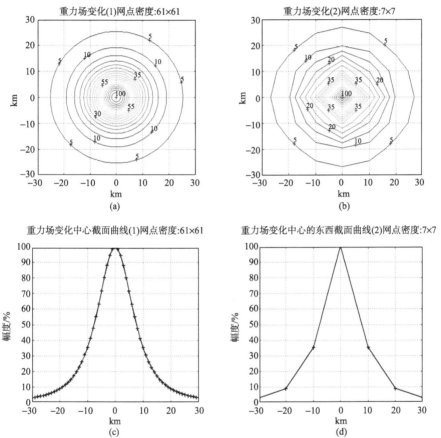

图 5.4.2　对同一个重力场变化结果进行测量：用间距为 1km 的格网(61×61 点)((a)、(c))；
用间距为 10km 的格网(7×7 点)((b)、(d))

图 5.4.2 中的重力场变化是根据第三章中的公式计算的，其对应地下扰动体(点源)的深度为 10km。在 60km×60km 的范围内布设了两个密度不同的重力网：间距为 1km 的方格网，共 61×61 个网点(左)；间隔为 10km 的方格网，共 7×7 个网点(右)。从测量的结果来看(上侧的两张图)，差别似不大。它们的垂直截面图(下侧的两张图)则形象地说明了这一点。但是必须指出的是，7×7 的格网点数虽稀，但在那尖峰处正好有一个网点。如果不是那样，得到的结果就不可能这样好。图 5.4.3(网点密度为 10km)和图 5.4.4(网点密度为 15km)中的结果就说明了这一点。

图 5.4.3 (a) 是网的东西中央线通过重力变化最大点时的情况。图中按上(左右)、下(左右)的次序依次表示了网的中心点在东西方向上离开最大变化点距离分别为

0km、3km、6km、8km 时的测量结果；图 5.4.3(b)表示的则是该中央线向北平移了 5km 后的类似结果。差别是明显的，重力场变化的测量结果无论是形态，还是其最大变化点的位置和幅度，都有变化。其中特别明显的是幅度的变化，最大跌幅可达 40%。

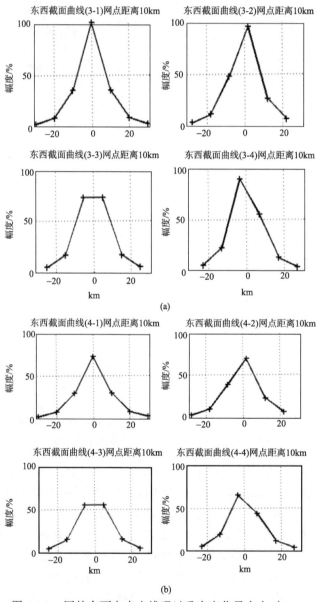

图 5.4.3　网的东西向中央线通过重力变化最大点时(a)、
网的东西向中央线向北平移 5km 时(b)的测量结果

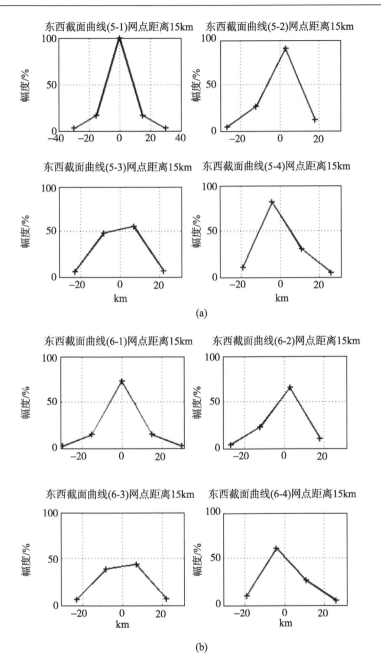

(a)

(b)

图 5.4.4 网的东西向中央线通过重力变化最大点时(a)，网的东西向中央线向北平移 7.5km 时(b)的测量结果

当网点的间隔距离更进一步增加到 15km 时，情况会更差(图 5.4.4)。无论是重力场变化的形态、重力最大变化点的位置还是幅度等都是如此。

因此，用布设重力网的方法来对重力场变化进行测量，得到结果的失真是很难避免的。测量信号的形态被扭曲，幅度被压低，都是可能的。

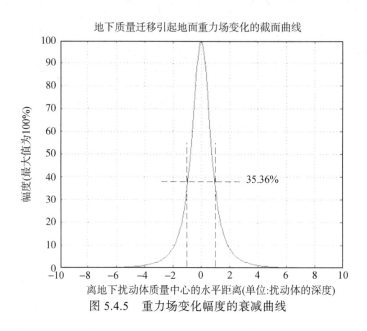

图 5.4.5　重力场变化幅度的衰减曲线

那么，究竟该如何来考虑格网点的密度呢？这还是要从测量的对象出发，什么样的信号，多大的尺度，和什么样的技术要求。就本书而言，关心的主要是与地下质量迁移有关的重力场变化，因此可以根据图 5.4.5 所示重力场变化幅度衰减曲线(见第三章)来评估和设计相对格网点的密度。

该图中重力场变化的截面曲线是以地下扰动体的深度 H 来表示的。重力变化的最大值为 100%，然后逐步减小。如果格网两相邻点的距离为 $2H$，最极端的情况下还能观测到最大幅度的 35.36%(图中虚线交会处)。我国华北地区已发现的地下质量迁移的深度一般在 10～15km (李正心和李辉，2011)。为了不至于漏掉它，网点的最大距离以 H 的 2 倍为宜，即 20～30km。这时，观测到的重力场变化幅度可保证在最大值的 35%以上。

5.5　与外部重力系统连接后的相对网

我国现有的重力网，如滇西重力网和京津唐张重力网等，都是和外部的重力系统相连接的(李辉等，2000；卢红艳等，2004；贾民育等，2006)。它们不是绝对网，这是清楚的，因为整个网是由相对重力仪的观测建立起来的。但是它们也不再是上面说的那种自由网，已经通过在某个、或某几个网点上同时进行的绝对重力观测将各期相对网结果连接了起来。但是在作了这样的连接以后，离开一个"绝对的、统一的重力时变体系"(贾民育等，2006)还有多远呢？

如果这个同时在进行绝对重力测量的点正好是各期相对网的起算点，即图 5.2.2 上面的那个 A 点，那么这个 A 点本身是被成功地连接到外部的重力系统中去，即一个绝对的、统一的重力时变系统中去。其实这也适用于网内其他任何一个网点，只要在这个点上也有绝对重力仪的观测。但是对这个特定的网点以外的其他点却不能再这么说，因为相对网中原来存在的误差，即从该特定点到其他格网点测量线路上误差的累积仍然存在着，并没有因此而有任何变化。因此，相对网内的误差情况将依然如故，只不过在其他各点原有的重力值上都加上了一个统一的常数，即把那个特定点改化到一个绝对重力网中去时所用的那个改正数。

因此，经过这样的改正，原先的相对网并不能被认为因此而成为一个"绝对的、统一的重力时变体系"。应该说，与原先的相对网相比并没有根本的不同。

5.6　相对网测量结果精度估计实例(1)

重力网中最基本的组成单元是一条测线，上面有若干个测点。如何利用它来判断所得局部重力场变化测量结果的可信性呢？

一个实例:在滇西重力网的测量结果中发现重力场在 1995.42～1995.92(6 个月)这段时间里有隆起，幅度达 50 微伽(图 5.6.1)。横贯的是一条重力测线，上面有 5 个测点。试问：重力场发生的隆起是否可信？

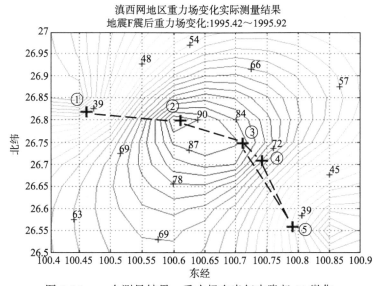

图 5.6.1　一个测量结果：重力场在半年中隆起 50 微伽

图中 5 个重力点依次标以①～⑤的序号，并从图中读出各测段的重力差观测值
(表 5.6.1 中第二列)。单个测量段的测量中误差(m)同时采用 ±7 微伽和 ±10 微伽两
个不同的标准 (李辉等，2000；贾民育和孙少安，1992)。其中③～⑤点由两个测量
段组成。根据 N 个测量值之和的测量中误差等于单个测量值中误差的 $\sqrt{N}$ 倍的误差
传布定律(郭禄光和樊功瑜，1985)，其测量中误差为 m 的 $\sqrt{2}$ 倍，即 ±9.8 微伽和 ±
14 微伽。

表 5.6.1　各测量段的重力观测值、测量中误差和信噪比

测段	重力差观测值 (微伽)	以 $m=\pm7$ 微伽为标准		以 $m=\pm10$ 微伽为标准	
		测量中误差	信噪比	测量中误差	信噪比
①～②	41	±7	5.9	±10	4.1
②～③	6	±7	0.9	±10	0.6
③～④	15	±7	2.2	±10	1.5
④～⑤	33	±7	4.9	±10	3.3
③～⑤	45	±9.8	4.6	±14	3.2

5 个测段中，最关键的是①～②、④～⑤测段，不论采用哪一个标准，它们的
信噪比都大于 3，说明图中显示的重力场隆起不可能是测量误差所致的假象。也就
是说这个隆起是真实的。

一般来说，要证明重力场的隆起或凹下的可信性，有一个关键测段的信噪比达
到要求就可以认为有了根据。其他测段的信噪比则可以作为旁证，尽管有时它们的
信噪比并没有全部达到要求。像图 5.6.1 中的③～④，则可以作为旁证来看。

由于网点密度所限(第 5.4 节)，实际测得重力场变化的最大值往往小于实际的
情况。图 5.6.1 中的"平顶"就是一个具体的例子。如果在②与③点间增加一个网
点，就能更好地描述重力场的真实变化。

5.7　相对网测量结果精度估计实例(2)

作为相对网的一种情况，有时也会遇到图 5.7.1 所示的这种线性网。线路上有
N 个测量点，两头与其他已知重力值的网点相连接。根据相对重力仪观测的重力差，
从一端开始逐点推算，到另一端时产生了一个闭合差。根据这个闭合差进行条件平
差后(郭禄光，樊功瑜，1985)，线路上各点重力值的精度得到了提高，它们的测量
中误差列举在图中的表格中。

现根据图中数据对图 5.7.2 所示的测量结果进行评估，图中所示的重力场凹下
或隆起是否可信？

线性网的网点数:11, 9, 7, 5, 3

线性网点数	线性网中各点平差后重力差值的测量中误差(单位:m)										
	−5	−4	−3	−2	−1	0	1	2	3	4	5
−5~+5 (11)	0.00	0.95	1.26	1.45	1.55	1.58	1.55	1.45	1.26	0.95	0.00
−4~+4 (9)		0.00	0.92	1.22	1.37	1.41	1.37	1.22	0.92	0.00	
−3~+3 (7)			0.00	0.91	1.15	1.22	1.15	0.91	0.00		
−2~+2 (5)				0.00	0.96	1.00	0.96	0.00			
−1~+1 (3)					0.00	0.71	0.00				

图 5.7.1 线性网中各点平差后重力差值的测量中误差

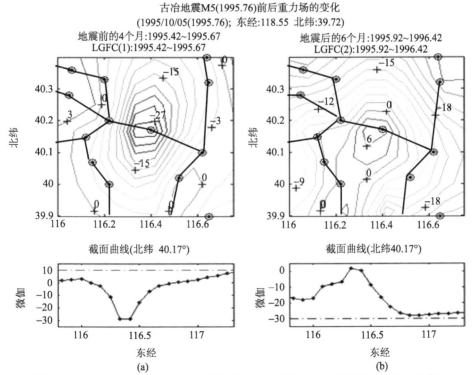

图 5.7.2 古冶地震 M5(1995.76)前后重力场的变化(重力等值线的单位:微伽)

(图引自(Li, 2014))

对这个重力场凹下或隆起可信性可以从各个不同的测量线路按图 5.7.1 中所示的数据进行判断。当然，用点数为 3 的那个线路最简单，直截了当。从表中查到此时中间点的测量中误差为 $0.71m$，即 4.97 微伽(采用 $m=±7$ 微伽)。现在中间点相对于两侧点的重力差测量值($-21\sim-24$；$12\sim16$ 微伽)，大于它的 2 倍(9.94 微伽)，这个测量结果就被认为是有意义的。因此，图中重力场的凹下(图 5.7.2(a))和隆起(图 5.7.2(b))是真实的。

当然，也可以用图中显示的其他测量线路上的数据来进行判断。

第六章　地下扰动体参数测定中的几个问题

6.1　问题的提起

地下扰动体参数的测定是根据重力场变化的资料进行的，因此，重力场变化信号本身的任何不足都会影响所得地下扰动体的结果。有必要对这个问题做一些讨论。

首先，相对重力网测量过程中发生的误差会对重力场变化信号本身(以下简称"信号")带来影响，特别是网中误差的积累，可能抬高或压低整个信号；与此同时还可能使信号的形态发生变形(第二章)。就地下扰动体(点源)深度的计算来说，前者的影响可以用"重力差分"的计算方法来避免(第 3.2 节)；但后者的影响是无法消除的，使计算得到的地下扰动体参数发生误差。

除此以外，地下扰动体本身的深度也是一个因素。深度大，重力场变化信号的平面尺度就大，能影响信号形态测点的数量就多，误差的影响就大。

重力网网点的密度对地下扰动体的测定也有影响。当网点密度不够时，人们不可能得到重力场变化足够精确的资料，因而使地下扰动体的参数产生误差。

现在用模拟计算的方法对上述这些问题进行研究。

6.2　重力网误差对地下扰动体测定的
影响(模拟计算(1))

第五章中对相对重力网的误差作了研究，给出了平差后重力网上各点重力值的测量中误差。但是对网中一个具有一定平面尺度的几何体(信号)来说，当涉及的不仅仅是网内某个点，而是一些点时，光凭这些给出的点的中误差(图 5.2.2)是无法对信号形态发生的变化提供任何信息的。这是一个更加复杂的问题，需要用模拟计算的方法来对它进行研究。

6.2.1　误差积累曲线的模拟计算

图 6.2.1 表示了中国京津唐张地区的重力网。这是一个相对重力网。为了研究这个网的误差，现在从它最基本的图形元素，一条直的测量线路入手。参照该重力

网的实际情况，设想东西方向上的一条测线，均匀分布了 21 个测点，点距为
21.25km。用模拟计算的方法得到它的误差累积曲线，然后通过它计算对扰动体深
度、质量测定的影响。

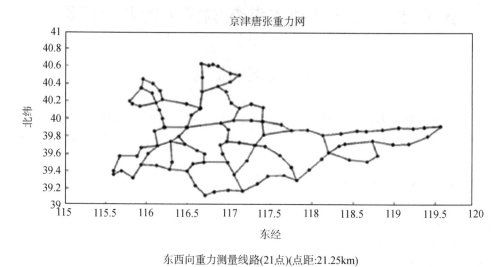

图 6.2.1   京津唐张重力网和模拟计算用的重力测量线路

用 3.5 节中类似的方法和设定(相对重力差的测量中误差 $m = \pm7$ 微伽)，对线
路上误差的累积进行模拟计算。这样的计算共进行了 20 次，得到 20 条误差累积曲
线。它们是随机得来的，每一次计算的结果可能是不一样的。但是对数量为 20 的
子样来说，其研究结果可以被认为不失其普遍性。

图 6.2.2 中依次表示了这 20 条误差累积曲线(见图中的 No.1～No. 20)。可以看
出，对一条有 21 个点的测线而言，误差积累的最大值达到 20～30 微伽或以上，是
一件平常的事。在图中所示的 20 条曲线中，超过半数(图中 2,4,6,7,9,10,11,13,15,17
和 20)相对变化的最大值都达到了这个量级。其中 No.20、No.6 二条曲线的最大相
对变化还分别达到了 40 微伽和 50 微伽。

当然，经过重力网整体的测量平差后误差的积累可能会有所削弱，实际的情况
可能比上面看到的要好一点。但为了方便，下面还是直接引用这 20 条曲线，对它
们对重力场变化信号本身，以及随之而来对地下扰动体深度、质量计算的影响进行
具体计算，这一点是需要说明的。

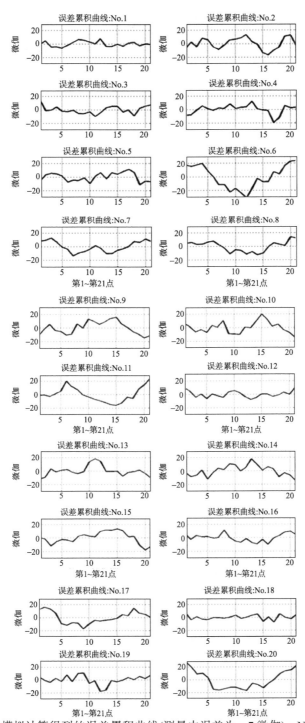

图 6.2.2　模拟计算得到的误差累积曲线(测量中误差为 ± 7 微伽)：No.1～No.20

6.2.2　模拟计算用的地下扰动体和它们的重力场变化截面曲线(信号曲线)

以京津唐张地区 1995 年古冶 M5 地震时发现的重力场变化为参照(图 3.1.1),模拟计算时设定了表 6.2.1 所示的 4 个地下扰动体。它们的深度分别为 10km,15km,20km 和 30km。深度为 15km 的那个扰动体的质量设定为一个整数:0.3×10^{-13} (地球质量),依此计算出它所对应的地面重力场变化,其截面曲线最大的相对变化为 53.09 微伽。为便于比较,其他三个扰动体(深度分别为 10km,20km 及 30km)也都采用这个数值,然后推算各自相应的质量值(表中第三行)

表 6.2.1　地下扰动体的各项参数

地下扰动体编号	(1)	(2)	(3)	(4)
深度	10km	15km	20km	30km
质量/(单位:地球质量)	1.333×10^{-13}	3×10^{-13}	5.333×10^{-13}	12×10^{-13}
地理坐标	117.5° (E) 40.0° (N)	117.5° (E) 40.0° (N)	117.5° (E) 40.0° (N)	117.5° (E) 40.0° (N)
重力变化最大值/微伽	53.09 微伽	53.09 微伽	53.09 微伽	53.09 微伽

表中 4 个地下扰动体(编号:(1)~(4))在地面产生的重力场变化和它们东西方向上的截面曲线(编号:(1)~(4)),分别表示在图 6.2.3 和图 6.2.4 中。

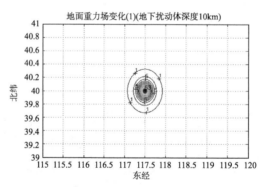

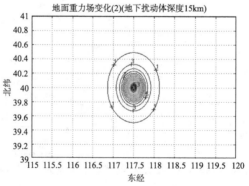

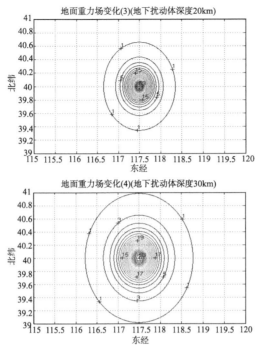

图 6.2.3　重力场变化(1)～(4)(对应地下扰动体深度: 10km,15km, 20km 和 30km)

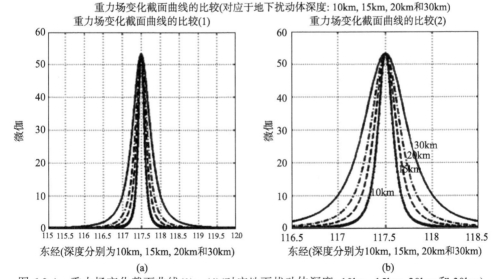

图 6.2.4　重力场变化截面曲线(1)～(4)(对应地下扰动体深度: 10km, 15km, 20km 和 30km)
(注：(a)和(b)表示的是同一组曲线，但(b)图的水平尺度放大了)

6.2.3　模拟计算的结果

有了上述误差累积曲线(简称"误差曲线")和重力场变化截面曲线(简称"信号曲线"，在以下的图中分别以它们的深度表示之，即 G_{10}，G_{15}，G_{20} 和 G_{30})以后，对二者加以合成，得到"合成曲线"。对"合成曲线"计算地下扰动体的深度和质量，得到结果中偏离原先参数设定值的那个数值就是模拟计算要知道的那个误差值。

信号曲线(No.1~No.4)和误差曲线(No.1~No.20)可以组成 $4 \times 20 = 80$ 个不同的组合。对每一种组合都进行了计算。图 6.2.5 和图 6.2.6 分别表示了对其中两个组合的计算过程和结果。图中依次表示了误差曲线和它和信号曲线的合成，根据合成曲线的差分曲线计算得到的地下扰动体的深度和接着计算得到的质量。

这两组计算得到的地下扰动体的深度和质量分别是 9.70km、10.04km 和 1.22、1.38 (单位：地球质量的 10^{-13})，因此它们的误差分别是−0.30km、+0.04km 和−0.11、+0.05(单位：地球质量的 10^{-13})，说明误差曲线的存在会对地下扰动体深度和质量的测定产生影响。

模拟计算例(1-a):误差累积曲线(No.1)与重力场变化截
面曲线(地下扰动体深度10km)和它的叠加

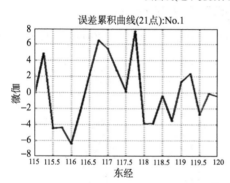
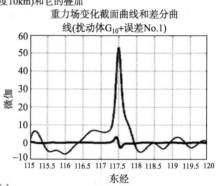

(a)

模拟计算例(1-b):由重力场变化截面曲线的差分
曲线计算地下扰动体的深度

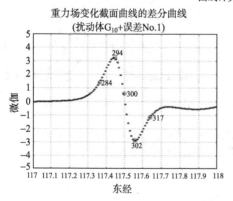
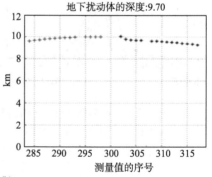

(b)

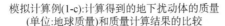

模拟计算例(1-c):计算得到的地下扰动体的质量
(单位:地球质量)和质量计算结果的比较

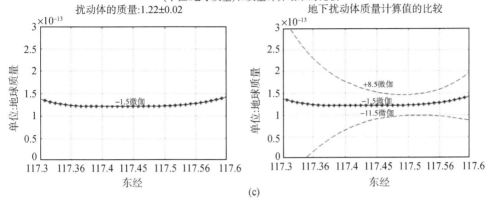

图 6.2.5　误差曲线(1)对扰动体(1)深度(H)、质量(M)二参数影响的计算

模拟计算例(2-a):误差累积曲线(No.2)与重力场变化截面
曲线(地下扰动体深度10km)和它的叠加

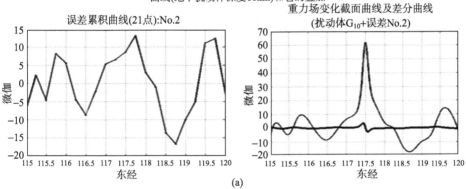

模拟计算例(2-b):由重力场变化截面曲线的差
分曲线计算地下扰动体的深度

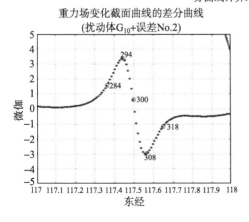
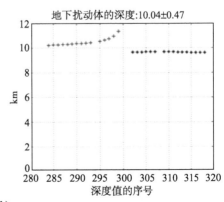

模拟计算例(2-c):计算得到的地下扰动体的质量
(单位:地球质量)和质量计算结果的比较

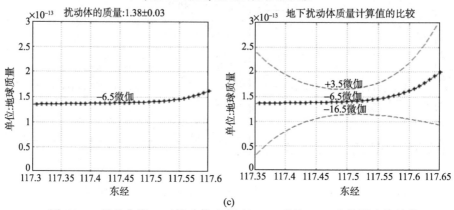

图 6.2.6　误差曲线(2)对扰动体(1)深度(H)、质量(M)二参数影响的计算

这样的结果一共有 80 个。除了图 6.2.5、图 6.2.6 已表示的 2 个结果外，其他 78 个按重力场变化截面曲线(1)~(4)分成 4 类，分别表示在图 6.2.7~图 6.2.10 四张图中。在同一类中，按所含的误差曲线的次序(1~20)依次排列。

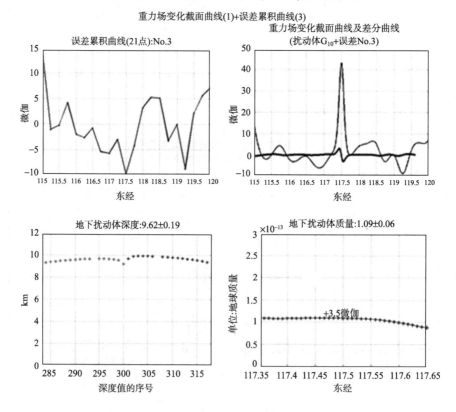

重力场变化截面曲线(1)+误差累积曲线(4)

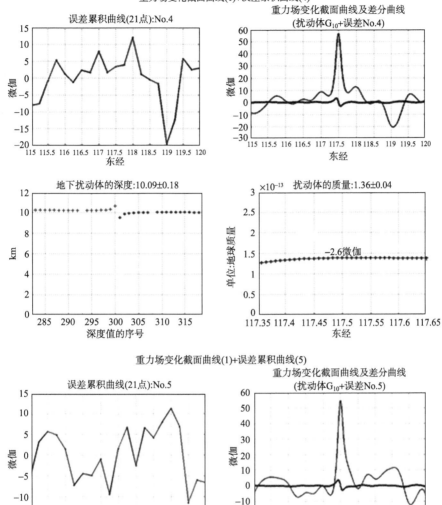

重力场变化截面曲线(1)+误差累积曲线(5)

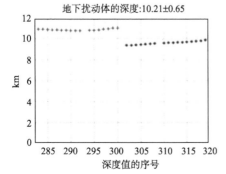

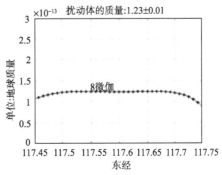

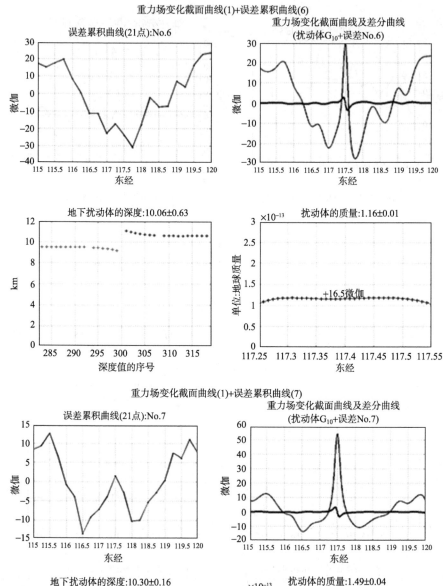

重力场变化截面曲线(1)+误差累积曲线(6)

误差累积曲线(21点):No.6

重力场变化截面曲线及差分曲线
(扰动体G₁₀+误差No.6)

地下扰动体的深度:10.06±0.63

扰动体的质量:1.16±0.01

+16.5微伽

重力场变化截面曲线(1)+误差累积曲线(7)

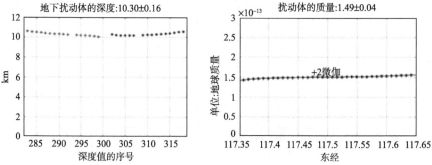

误差累积曲线(21点):No.7

重力场变化截面曲线及差分曲线
(扰动体G₁₀+误差No.7)

地下扰动体的深度:10.30±0.16

扰动体的质量:1.49±0.04

+2微伽

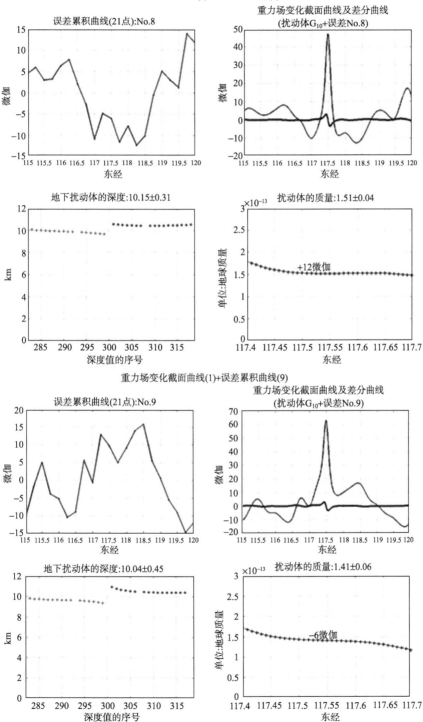

重力场变化截面曲线(1)+误差累积曲线(8)

误差累积曲线(21点):No.8

重力场变化截面曲线及差分曲线
(扰动体G_{10}+误差No.8)

地下扰动体的深度:10.15±0.31

扰动体的质量:1.51±0.04

重力场变化截面曲线(1)+误差累积曲线(9)

误差累积曲线(21点):No.9

重力场变化截面曲线及差分曲线
(扰动体G_{10}+误差No.9)

地下扰动体的深度:10.04±0.45

扰动体的质量:1.41±0.06

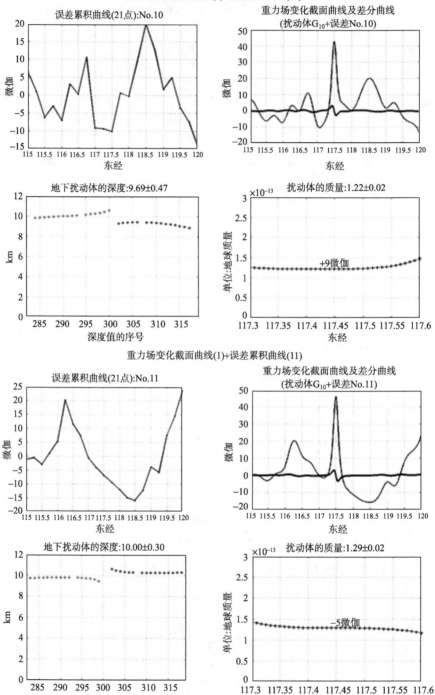

重力场变化截面曲线(1)+误差累积曲线(10)

误差累积曲线(21点):No.10

重力场变化截面曲线及差分曲线
(扰动体G₁₀+误差No.10)

地下扰动体的深度:9.69±0.47

扰动体的质量:1.22±0.02

+9微伽

重力场变化截面曲线(1)+误差累积曲线(11)

误差累积曲线(21点):No.11

重力场变化截面曲线及差分曲线
(扰动体G₁₀+误差No.11)

地下扰动体的深度:10.00±0.30

扰动体的质量:1.29±0.02

-5微伽

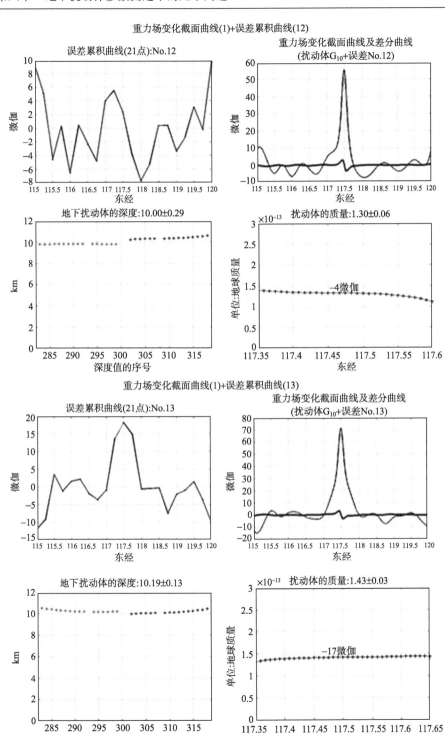

重力场变化截面曲线(1)+误差累积曲线(12)

误差累积曲线(21点):No.12

重力场变化截面曲线及差分曲线
(扰动体G$_{10}$+误差No.12)

地下扰动体的深度:10.00±0.29

扰动体的质量:1.30±0.06

重力场变化截面曲线(1)+误差累积曲线(13)

误差累积曲线(21点):No.13

重力场变化截面曲线及差分曲线
(扰动体G$_{10}$+误差No.13)

地下扰动体的深度:10.19±0.13

扰动体的质量:1.43±0.03

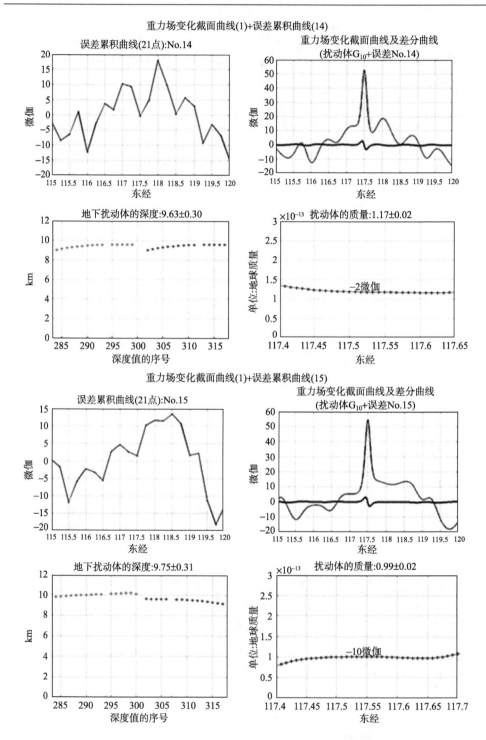

重力场变化截面曲线(1)+误差累积曲线(14)

误差累积曲线(21点):No.14

重力场变化截面曲线及差分曲线
(扰动体G_{10}+误差No.14)

地下扰动体的深度:9.63±0.30

扰动体的质量:1.17±0.02

重力场变化截面曲线(1)+误差累积曲线(15)

误差累积曲线(21点):No.15

重力场变化截面曲线及差分曲线
(扰动体G_{10}+误差No.15)

地下扰动体的深度:9.75±0.31

扰动体的质量:0.99±0.02

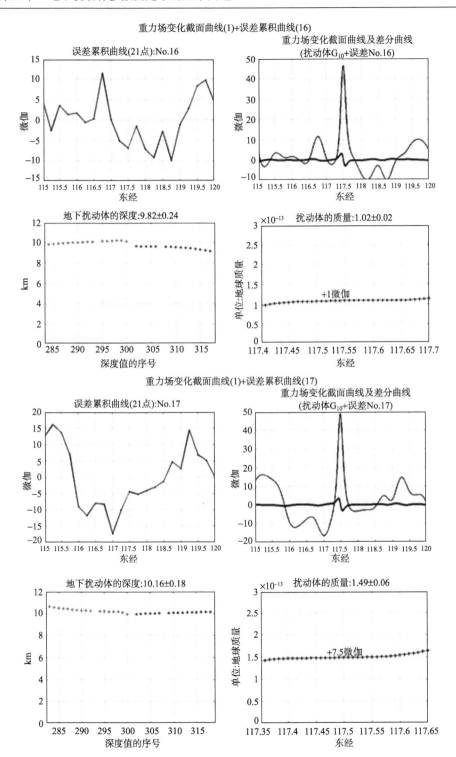

重力场变化截面曲线(1)+误差累积曲线(18)

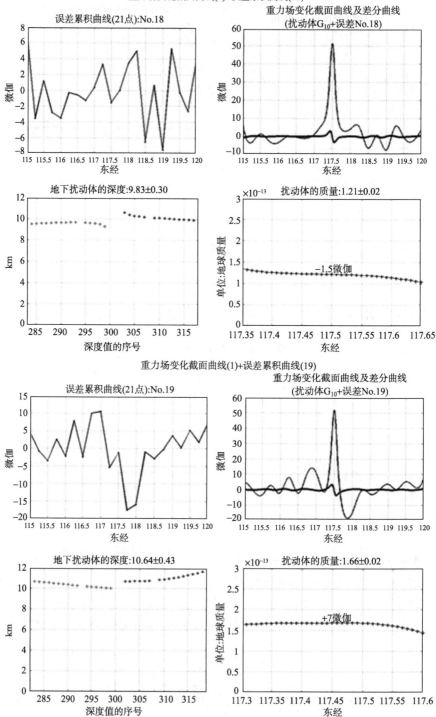

误差累积曲线(21点):No.18

重力场变化截面曲线及差分曲线
(扰动体G$_{10}$+误差No.18)

地下扰动体的深度:9.83±0.30

扰动体的质量:1.21±0.02

重力场变化截面曲线(1)+误差累积曲线(19)

误差累积曲线(21点):No.19

重力场变化截面曲线及差分曲线
(扰动体G$_{10}$+误差No.19)

地下扰动体的深度:10.64±0.43

扰动体的质量:1.66±0.02

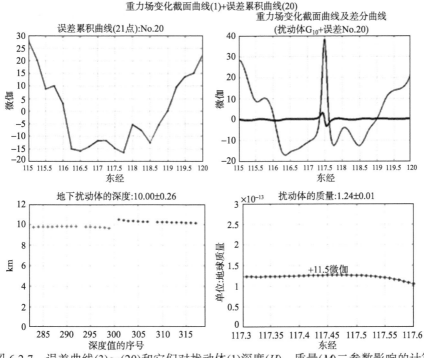

图 6.2.7　误差曲线(3)~(20)和它们对扰动体(1)深度(H)、质量(M)二参数影响的计算

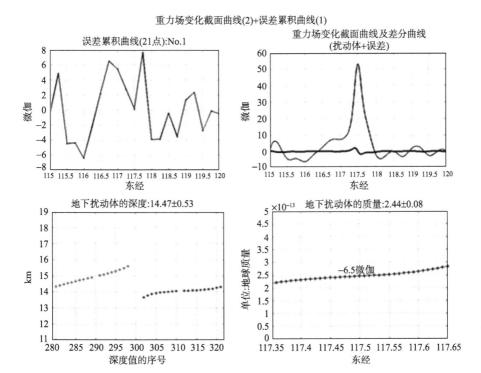

重力场变化截面曲线(2)+误差累积曲线(2)

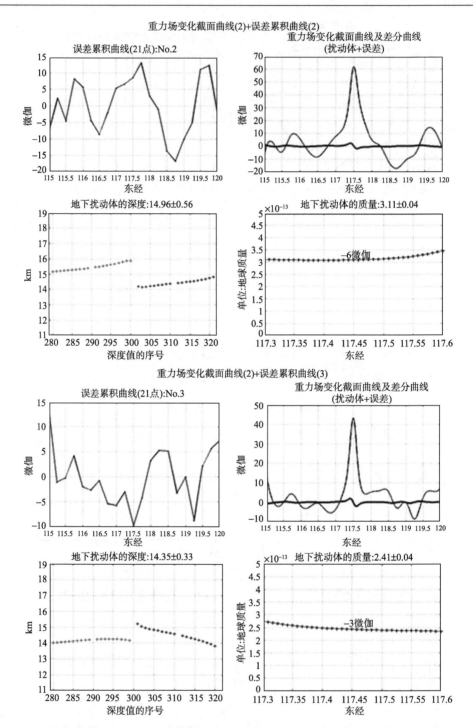

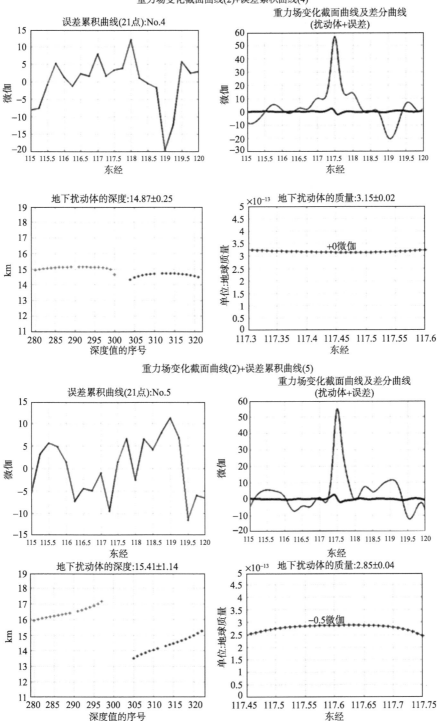

重力场变化截面曲线(2)+误差累积曲线(4)

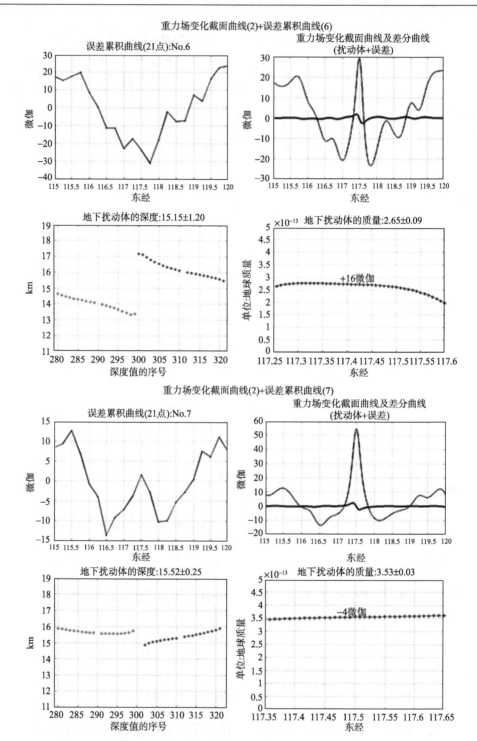

重力场变化截面曲线(2)+误差累积曲线(6)

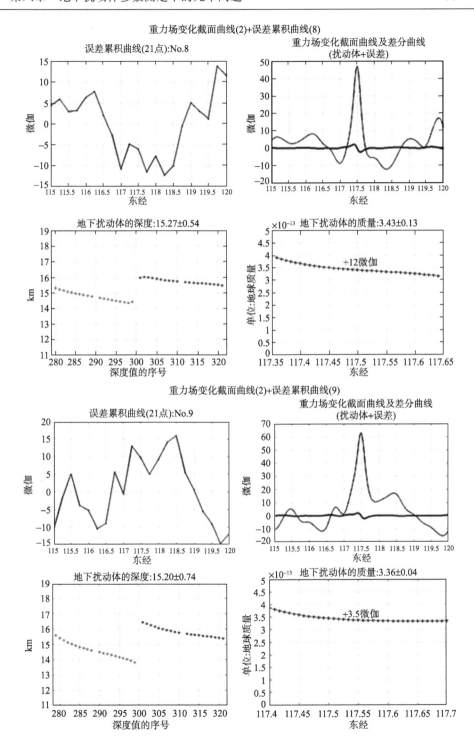

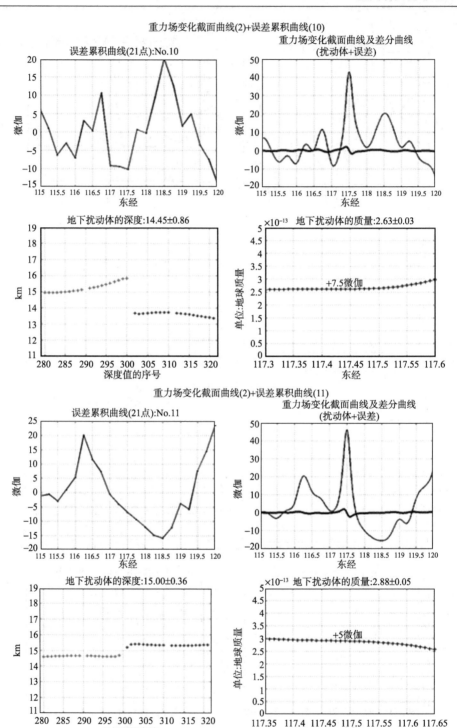

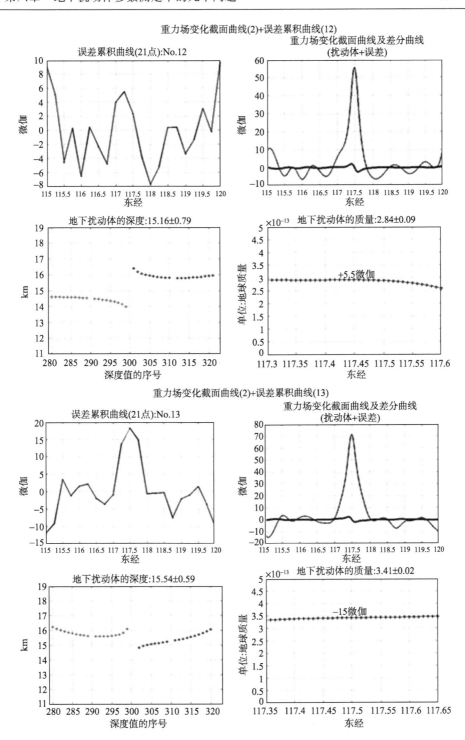

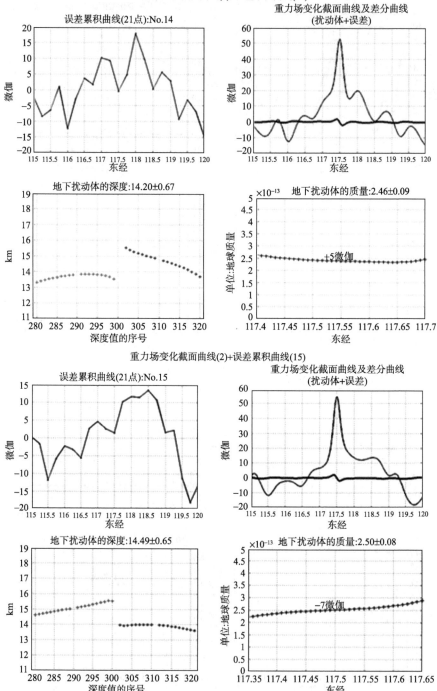

重力场变化截面曲线(2)+误差累积曲线(14)

重力场变化截面曲线(2)+误差累积曲线(15)

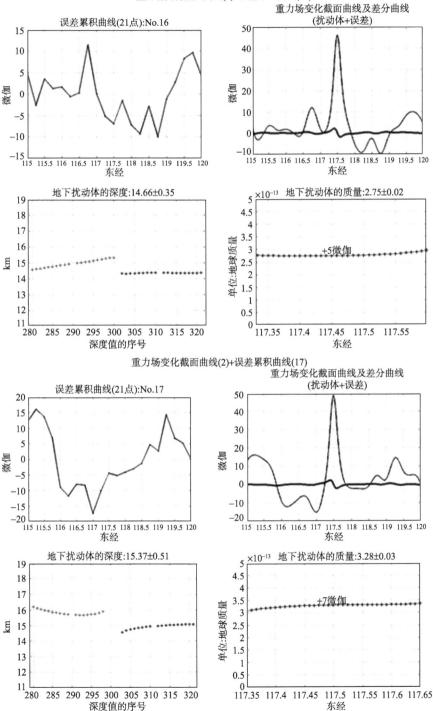

重力场变化截面曲线(2)+误差累积曲线(18)

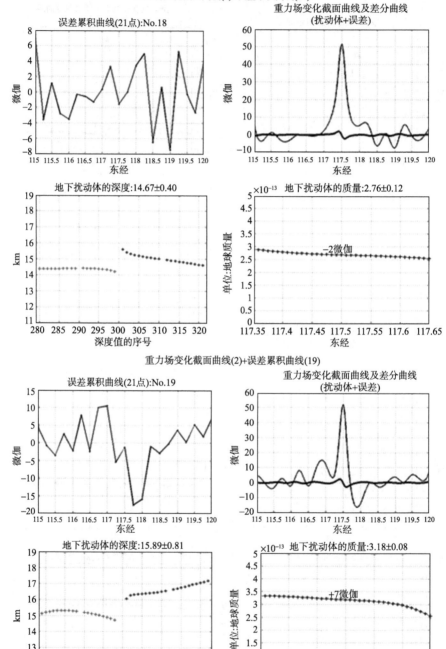

重力场变化截面曲线(2)+误差累积曲线(19)

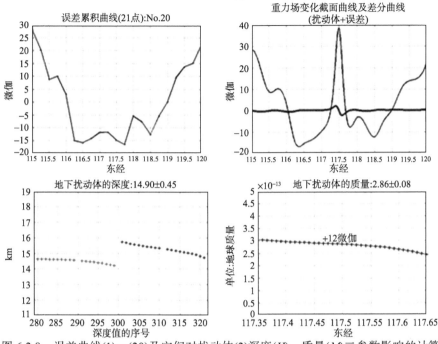

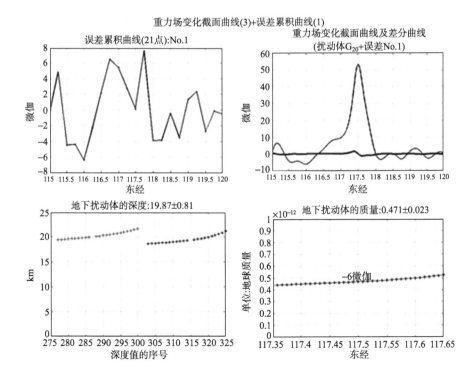

图 6.2.8　误差曲线(1)～(20)及它们对扰动体(2)深度(H)、质量(M)二参数影响的计算

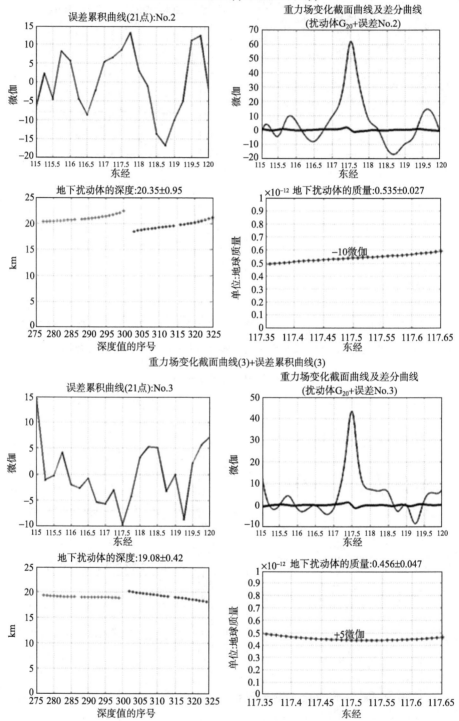

重力场变化截面曲线(3)+误差累积曲线(2)

误差累积曲线(21点):No.2

重力场变化截面曲线及差分曲线
(扰动体G_{20}+误差No.2)

地下扰动体的深度:20.35±0.95

×10⁻¹² 地下扰动体的质量:0.535±0.027

重力场变化截面曲线(3)+误差累积曲线(3)

误差累积曲线(21点):No.3

重力场变化截面曲线及差分曲线
(扰动体G_{20}+误差No.3)

地下扰动体的深度:19.08±0.42

×10⁻¹² 地下扰动体的质量:0.456±0.047

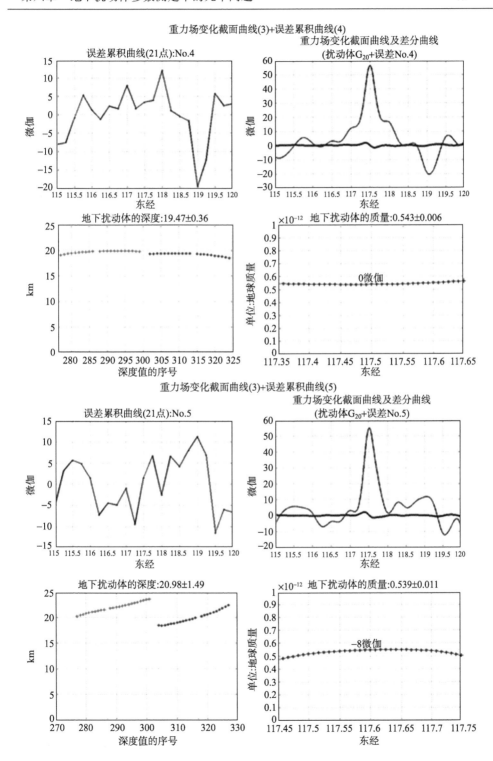

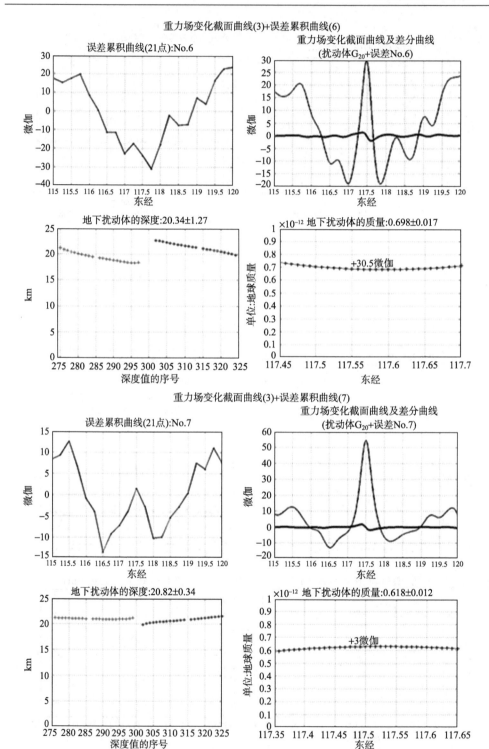

重力场变化截面曲线(3)+误差累积曲线(6)

误差累积曲线(21点):No.6

重力场变化截面曲线及差分曲线
(扰动体G_{20}+误差No.6)

地下扰动体的深度:20.34±1.27

地下扰动体的质量:0.698±0.017

+30.5微伽

重力场变化截面曲线(3)+误差累积曲线(7)

误差累积曲线(21点):No.7

重力场变化截面曲线及差分曲线
(扰动体G_{20}+误差No.7)

地下扰动体的深度:20.82±0.34

地下扰动体的质量:0.618±0.012

+3微伽

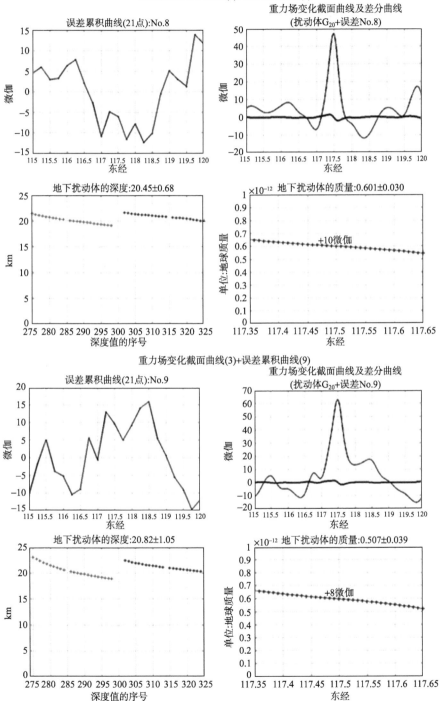

重力场变化截面曲线(3)+误差累积曲线(8)

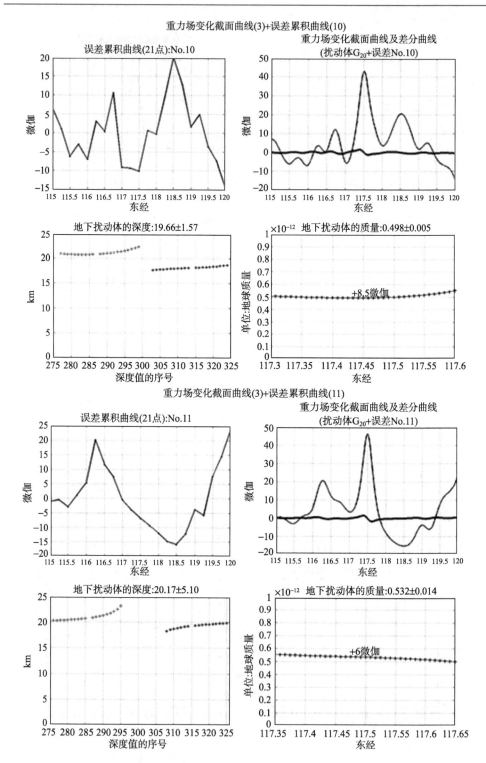

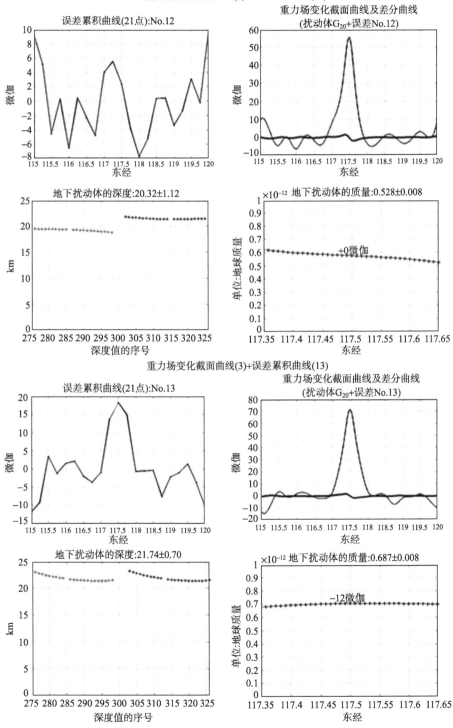

重力场变化截面曲线(3)+误差累积曲线(12)

误差累积曲线(21点):No.12

重力场变化截面曲线及差分曲线
(扰动体G$_{20}$+误差No.12)

地下扰动体的深度:20.32±1.12

地下扰动体的质量:0.528±0.008

重力场变化截面曲线(3)+误差累积曲线(13)

误差累积曲线(21点):No.13

重力场变化截面曲线及差分曲线
(扰动体G$_{20}$+误差No.13)

地下扰动体的深度:21.74±0.70

地下扰动体的质量:0.687±0.008

重力场变化截面曲线(3)+误差累积曲线(14)

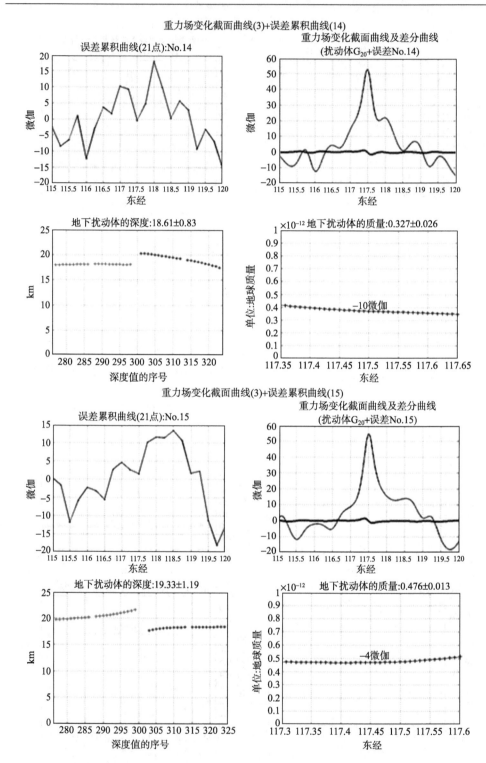

误差累积曲线(21点):No.14

重力场变化截面曲线及差分曲线
(扰动体G_{20}+误差No.14)

地下扰动体的深度:18.61±0.83

×10⁻¹² 地下扰动体的质量:0.327±0.026

−10微伽

重力场变化截面曲线(3)+误差累积曲线(15)

误差累积曲线(21点):No.15

重力场变化截面曲线及差分曲线
(扰动体G_{20}+误差No.15)

地下扰动体的深度:19.33±1.19

×10⁻¹² 地下扰动体的质量:0.476±0.013

−4微伽

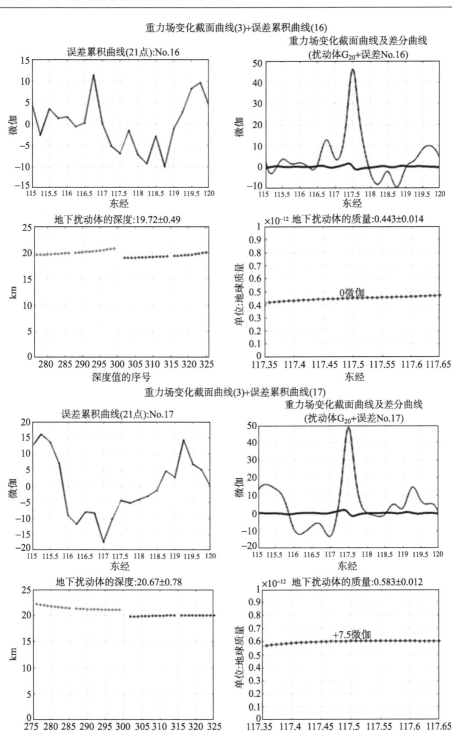

重力场变化截面曲线(3)+误差累积曲线(16)

误差累积曲线(21点):No.16

重力场变化截面曲线及差分曲线
(扰动体G₂₀+误差No.16)

地下扰动体的深度:19.72±0.49

×10⁻¹² 地下扰动体的质量:0.443±0.014

0微伽

重力场变化截面曲线(3)+误差累积曲线(17)

误差累积曲线(21点):No.17

重力场变化截面曲线及差分曲线
(扰动体G₂₀+误差No.17)

地下扰动体的深度:20.67±0.78

×10⁻¹² 地下扰动体的质量:0.583±0.012

+7.5微伽

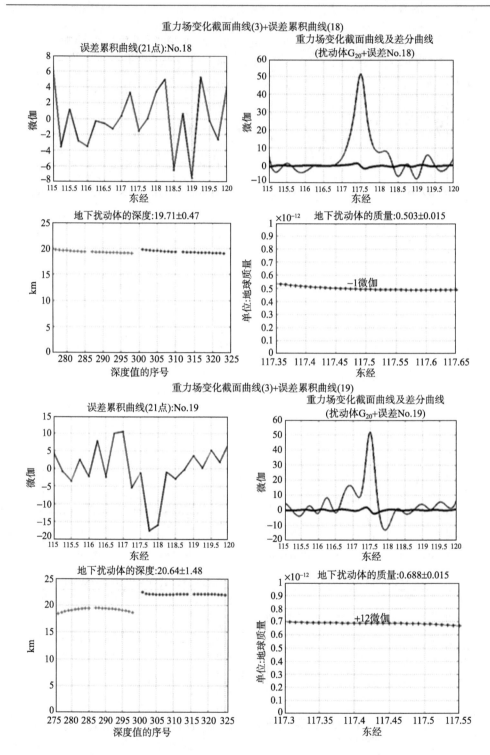

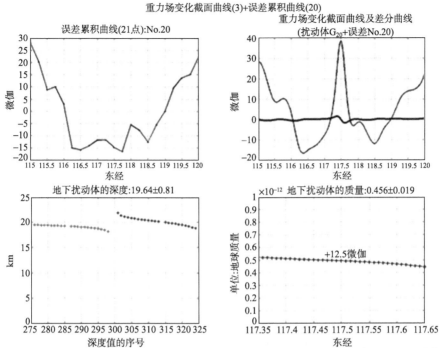

图 6.2.9　误差曲线(1)～(20)及它们对扰动体(3)深度(H)、质量(M)二参数影响的计算

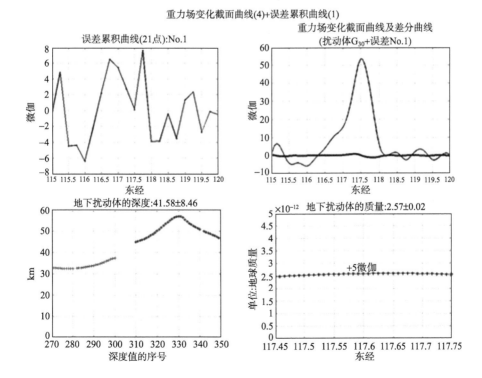

重力场变化截面曲线(4)+误差累积曲线(2)

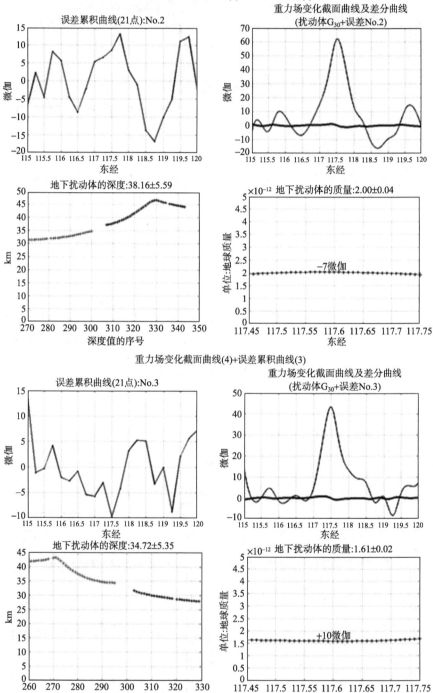

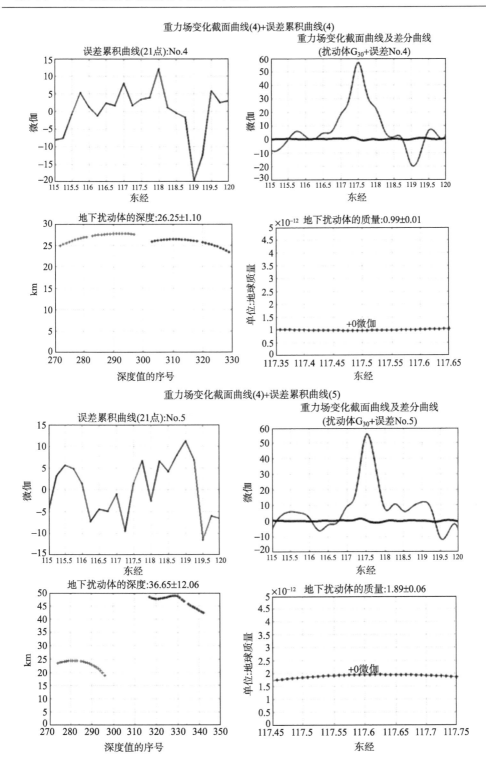

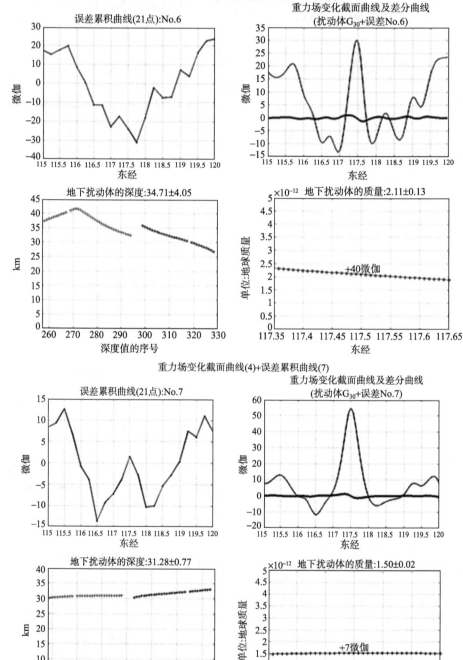

重力场变化截面曲线(4)+误差累积曲线(6)

误差累积曲线(21点):No.6

重力场变化截面曲线及差分曲线
(扰动体G_{30}+误差No.6)

地下扰动体的深度:34.71±4.05

地下扰动体的质量:2.11±0.13

重力场变化截面曲线(4)+误差累积曲线(7)

误差累积曲线(21点):No.7

重力场变化截面曲线及差分曲线
(扰动体G_{30}+误差No.7)

地下扰动体的深度:31.28±0.77

地下扰动体的质量:1.50±0.02

重力场变化截面曲线(4)+误差累积曲线(8)

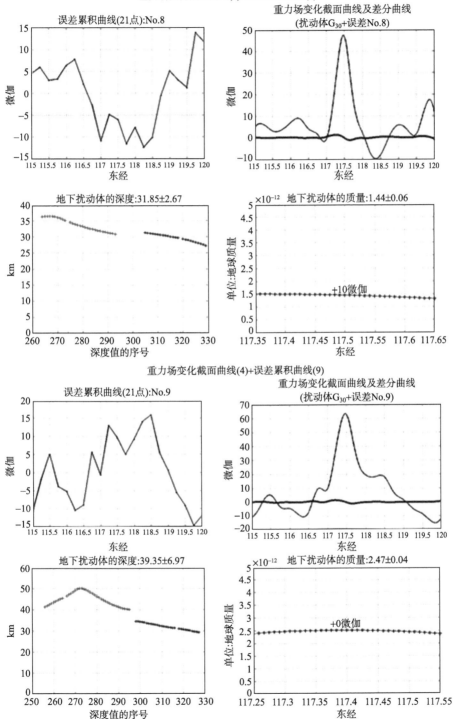

误差累积曲线(21点):No.8

重力场变化截面曲线及差分曲线
(扰动体G_{30}+误差No.8)

地下扰动体的深度:31.85±2.67

地下扰动体的质量:1.44±0.06

+10微伽

重力场变化截面曲线(4)+误差累积曲线(9)

误差累积曲线(21点):No.9

重力场变化截面曲线及差分曲线
(扰动体G_{30}+误差No.9)

地下扰动体的深度:39.35±6.97

地下扰动体的质量:2.47±0.04

+0微伽

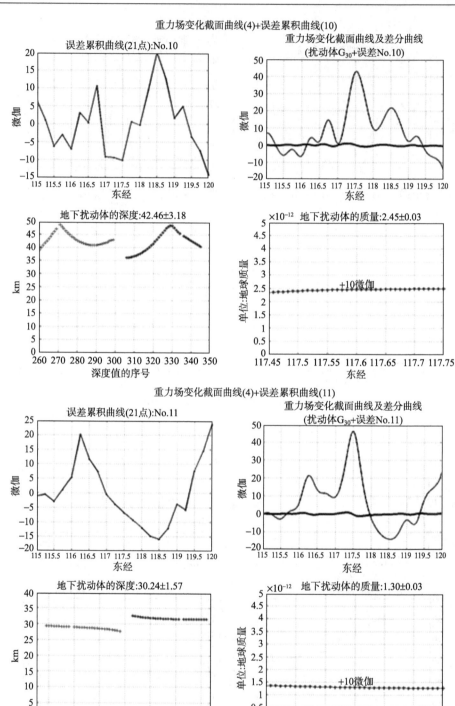

重力场变化截面曲线(4)+误差累积曲线(10)

误差累积曲线(21点):No.10

重力场变化截面曲线及差分曲线
(扰动体G₃₀+误差No.10)

地下扰动体的深度:42.46±3.18

地下扰动体的质量:2.45±0.03

重力场变化截面曲线(4)+误差累积曲线(11)

误差累积曲线(21点):No.11

重力场变化截面曲线及差分曲线
(扰动体G₃₀+误差No.11)

地下扰动体的深度:30.24±1.57

地下扰动体的质量:1.30±0.03

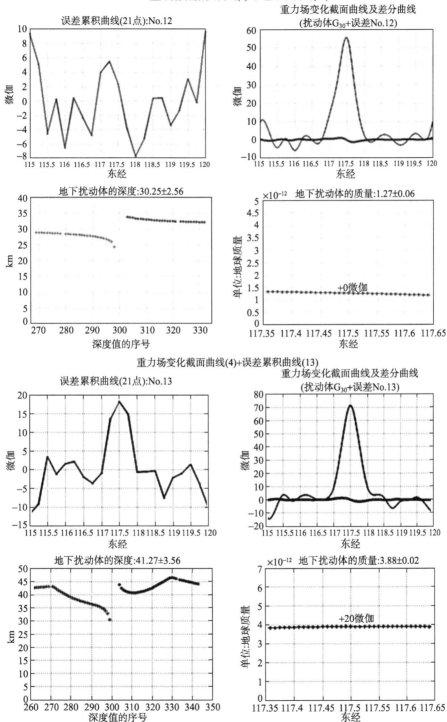

重力场变化截面曲线(4)+误差累积曲线(12)

误差累积曲线(21点):No.12

重力场变化截面曲线及差分曲线
(扰动体G₃₀+误差No.12)

地下扰动体的深度:30.25±2.56

地下扰动体的质量:1.27±0.06

重力场变化截面曲线(4)+误差累积曲线(13)

误差累积曲线(21点):No.13

重力场变化截面曲线及差分曲线
(扰动体G₃₀+误差No.13)

地下扰动体的深度:41.27±3.56

地下扰动体的质量:3.88±0.02

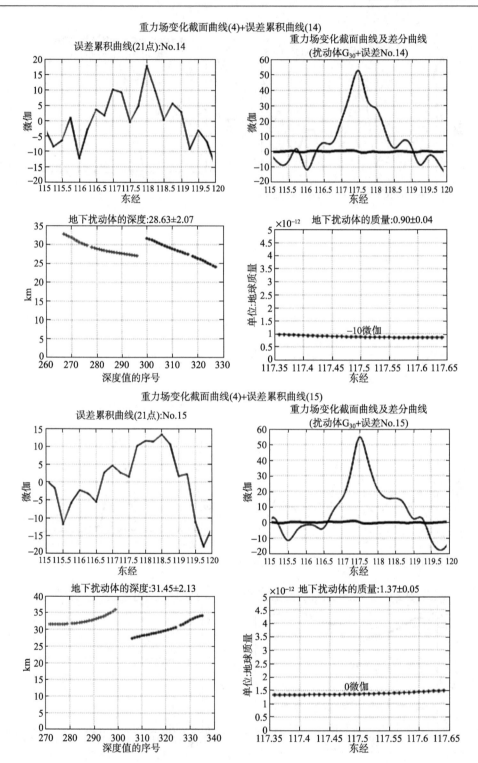

重力场变化截面曲线(4)+误差累积曲线(14)

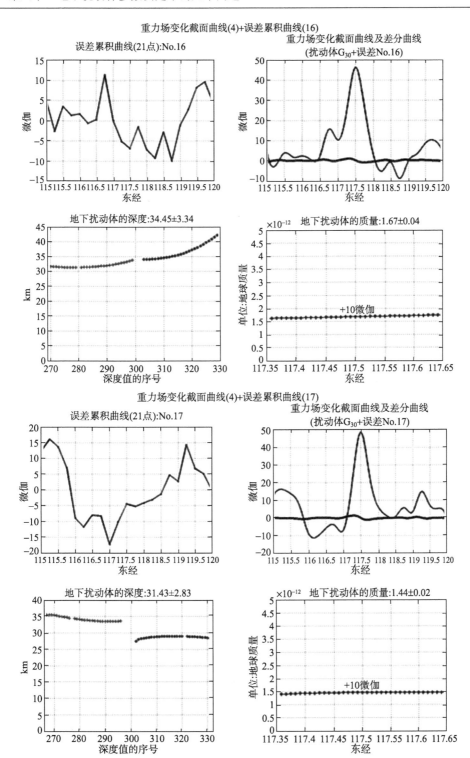

重力场变化截面曲线(4)+误差累积曲线(18)

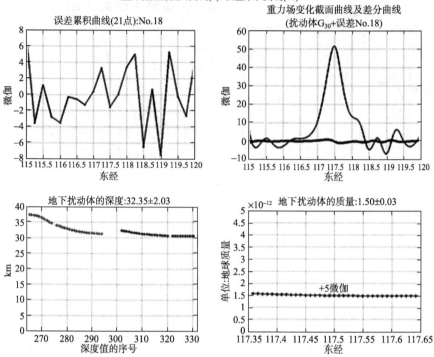

重力场变化截面曲线(4)+误差累积曲线(19)

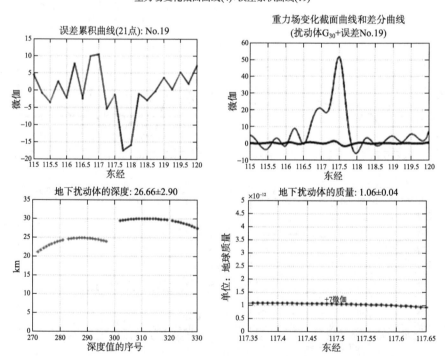

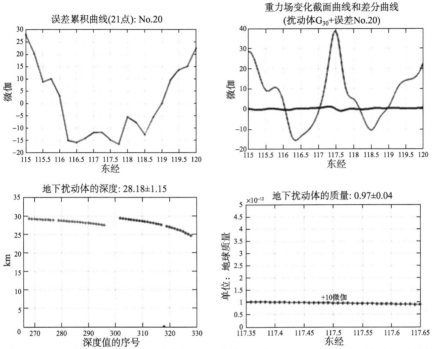

图 6.2.10　误差曲线(1)～(20)和它们对扰动体(4)深度(H)、质量(M)二参数影响的计算

从上述图 6.2.5～图 6.2.10 的实际算例中可以看出，重力网误差累积曲线对信号曲线的形态发生了影响，正是这种形态上的变化导致地下扰动体参数的误差。由于计算采用的是信号顶端部分的那些数据，因此信号低端部分信号形态的失真对计算是没有影响的。

上述 80 个模拟计算的结果综合表示见表 6.2.2。需要说明的是，表中所示的中误差仅能作为参考。深度、质量真正的测量中误差可在表 6.2.3 中找到，它们是根据实际的测量误差(共 20 个)按计算中误差的方法得到的。

表 6.2.2　重力场变化截面曲线(1)～(4)和误差累积曲线(1)～(20)不同合成时求得地下扰动体的 H 和 M

误差曲线	重力场变化截面曲线(1)		重力场变化截面曲线(2)		重力场变化截面曲线(3)		重力场变化截面曲线(4)	
	H(km)	$M(10^{-13})$	H(km)	$M(10^{-13})$	H(km)	$M(10^{-13})$	H(km)	$M(10^{-12})$
1	9.70 ± 0.22	1.22 ± 0.02	14.47 ± 0.53	2.44 ± 0.08	19.87 ± 0.81	4.71 ± 0.23	41.58 ± 8.46	2.57 ± 0.02
2	10.04 ± 0.47	1.38 ± 0.03	14.96 ± 0.56	3.11 ± 0.04	20.35 ± 0.95	5.36 ± 0.27	38.16 ± 5.59	2.00 ± 0.02
3	9.62 ± 0.19	1.09 ± 0.05	14.35 ± 0.33	2.41 ± 0.04	19.08 ± 0.42	4.55 ± 0.17	34.72 ± 5.35	1.61 ± 0.02
4	10.09 ± 0.18	1.35 ± 0.04	14.87 ± 0.25	3.15 ± 0.02	19.47 ± 0.36	5.43 ± 0.05	26.25 ± 1.10	0.99 ± 0.01
5	10.21 ± 0.65	1.23 ± 0.01	15.41 ± 1.14	2.85 ± 0.04	20.98 ± 1.49	5.39 ± 0.11	36.66 ± 12.06	1.89 ± 0.06

误差曲线	重力场变化截面曲线(1)		重力场变化截面曲线(2)		重力场变化截面曲线(3)		重力场变化截面曲线(4)	
	H(km)	$M(10^{-13})$	H(km)	$M(10^{-13})$	H(km)	$M(10^{-13})$	H(km)	$M(10^{-12})$
6	10.06 ± 0.63	1.16 ± 0.01	15.15 ± 1.20	2.55 ± 0.09	20.37 ± 1.27	6.98 ± 0.17	34.71 ± 4.05	2.11 ± 0.13
7	10.30 ± 0.16	1.49 ± 0.04	15.52 ± 0.25	3.53 ± 0.03	20.87 ± 0.34	6.17 ± 0.12	31.28 ± 0.77	1.50 ± 0.02
8	10.15 ± 0.31	1.51 ± 0.04	15.27 ± 0.54	3.43 ± 0.13	20.45 ± 0.68	6.01 ± 0.30	31.85 ± 2.67	1.44 ± 0.06
9	10.04 ± 0.46	1.41 ± 0.05	15.20 ± 0.74	3.36 ± 0.04	20.82 ± 1.05	5.97 ± 0.39	39.35 ± 6.97	2.47 ± 0.04
10	9.68 ± 0.47	1.22 ± 0.02	14.45 ± 0.86	2.63 ± 0.03	19.66 ± 1.57	4.98 ± 0.05	42.46 ± 3.18	2.45 ± 0.03
11	10.00 ± 0.30	1.29 ± 0.02	15.00 ± 0.36	2.88 ± 0.05	20.17 ± 1.10	5.32 ± 0.14	30.24 ± 1.57	1.30 ± 0.03
12	10.07 ± 0.29	1.30 ± 0.06	15.16 ± 0.79	2.34 ± 0.09	20.32 ± 1.12	5.76 ± 0.25	30.25 ± 2.55	1.27 ± 0.05
13	10.19 ± 0.13	1.40 ± 0.03	15.54 ± 0.59	3.41 ± 0.02	21.74 ± 0.70	6.97 ± 0.08	41.27 ± 3.56	3.88 ± 0.02
14	9.63 ± 0.30	1.17 ± 0.02	14.20 ± 0.67	2.46 ± 0.09	18.61 ± 0.83	3.77 ± 0.26	28.63 ± 2.07	0.90 ± 0.04
15	9.75 ± 0.31	0.99 ± 0.02	14.49 ± 0.65	2.50 ± 0.08	19.33 ± 1.19	4.76 ± 0.19	31.45 ± 2.13	1.37 ± 0.05
16	9.82 ± 0.24	1.07 ± 0.05	14.66 ± 0.35	2.75 ± 0.02	19.72 ± 0.49	4.43 ± 0.14	34.45 ± 3.34	1.67 ± 0.04
17	10.16 ± 0.18	1.49 ± 0.05	15.37 ± 0.51	3.28 ± 0.03	20.67 ± 0.78	5.93 ± 0.12	31.43 ± 2.83	1.44 ± 0.02
18	9.83 ± 0.30	1.21 ± 0.02	14.67 ± 0.40	2.76 ± 0.12	19.71 ± 0.47	5.03 ± 0.15	32.35 ± 2.03	1.50 ± 0.03
19	10.64 ± 0.43	1.66 ± 0.02	15.89 ± 0.81	3.18 ± 0.03	20.64 ± 1.48	6.88 ± 0.15	26.86 ± 2.90	1.05 ± 0.03
20	10.00 ± 0.26	1.24 ± 0.01	14.90 ± 0.45	2.86 ± 0.08	19.64 ± 0.81	4.85 ± 0.19	28.18 ± 1.15	0.97 ± 0.04

显然，测量误差与扰动体本身的深度有关。后面将具体地对此进行讨论。

6.2.4 对模拟计算结果的分析和讨论

为便于分析讨论，把表 6.2.2 中的数据按各扰动体分别表示，深度或质量的测定值也不再是它们本身，而是与原先设定值之比，即测量得到的相对值。

图 6.2.11 是地下扰动体(1)～(4)深度测量的结果。图 6.2.11(a)表示的是地下扰动体(1)的重力场变化截面曲线和 20 条误差累积曲线合成后分别求得的深度相对值。由于误差曲线的影响，得到的深度相对测量值不一定是 1，它们在 0.96～1.06 的范围内变化。最大的误差出现在其中第 19 个测量值：1.06(相对误差为 6%，即误差为 0.6km)。图 6.2.11(b)、(c)、(d)则分别表示了扰动体(2)～(4)深度的测量结果，可以看出测量值的相对误差随着扰动体深度的增加而变大。

当把图 6.2.11 中 4 条不同的曲线放在一起表示时(图 6.2.12)，这一点看得更为清楚，即地下扰动体深度测量的误差与地下扰动体的深度本身有关。当深度从 10km 变成 15km 时，深度测量的误差增加有限；但在深度超过 15km 时，误差开始增大；当超过 20km 时，相对误差将增加到 40%。

对地下扰动体的质量而言，情况类似，不过扰动体深度的影响更为显著(图 6.2.13 和图 6.2.14)。

地下扰动体(1)~(4)深度的测定(误差累积曲线分别为No. 1~20)

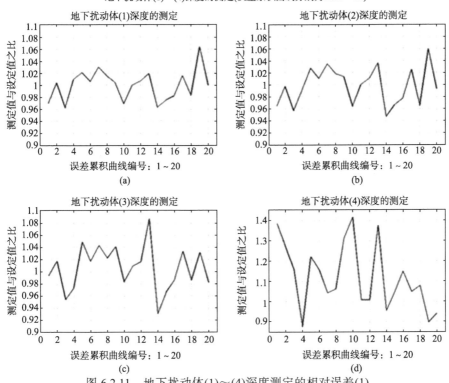

图 6.2.11 地下扰动体(1)~(4)深度测定的相对误差(1)

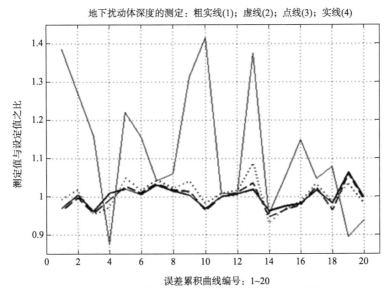

图 6.2.12 地下扰动体(1)~(4)深度测定的相对误差(2)

(重力网点距离为 21.25km)

地下扰动体(1)～(4)质量的测定(误差累积曲线分别为No.1～20)

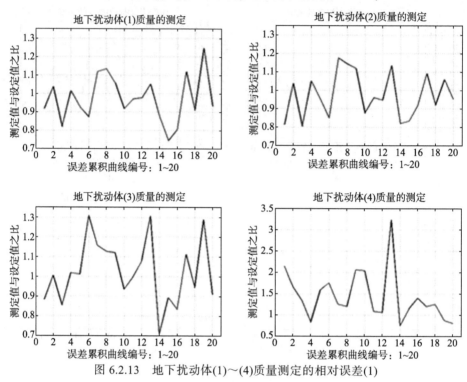

图 6.2.13   地下扰动体(1)～(4)质量测定的相对误差(1)

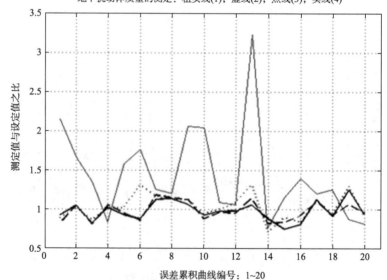

图 6.2.14   地下扰动体(1)～(4)质量测定的相对误差(2)

(重力网点距离为 21.25km)

　　表 6.2.3 和图 6.2.15 是对上述结果的一个总结：重力网误差的积累对地下扰动体参数的测定是有影响的；这种影响与地下扰动体的深度有关。深度越大，重力场变化信号的平面尺度就越大，涉及重力点的数量也就越多。影响测定误差的数量增多，参数测定的误差也变大。

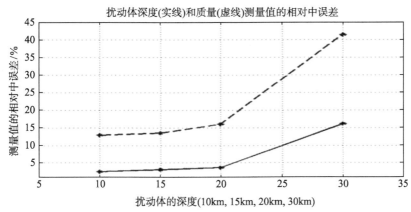

图 6.2.15　地下扰动体深度不同时，对扰动体深度、质量测定的不同影响
(重力网点距离为 21.25km)

　　从表 6.2.3 看出，质量的误差普遍大于深度的误差。这是可以理解的。在整个测定计算的过程中，二者不是独立进行的：先计算深度，然后才对质量进行计算(第 3.4 节)。这样，深度的误差会直接进入后者的结果中去。

　　模拟计算将测线两相邻点的距离设定为 21.25km，上述结果表明，这个距离本身就是一个临界点；当地下扰动体的深度超过重力网点的间距以后，扰动体参数的测定误差就会急速变大。因此重力网点的间距是一个重要的参数。对那些深度小于这个间距的地下扰动体而言，重力网误差积累对地下扰动体测定的影响是比较有限的(相对误差不大于 2%～4% 和 12%～16%)；当超过这个数值时，测定误差会显著变大。

表 6.2.3　地下扰动体(1)～(4)深度和质量测定的模拟计算

扰动体编号	(1)	(2)	(3)	(4)
深度设定值/km	10	15	20	30
质量设定值 (地球质量的 10^{-13})	1.33	3.0	5.33	12.0
深度测定平均值/km	9.9995	14.9665	20.1220	30.6060
测定中误差/km (相对比例)	± 0.2554 (2.5%)	± 0.4662 (3.1%)	± 0.7428 (3.7%)	± 4.9351 (16.1%)
质量测定平均值 (地球质量的 10^{-13})	1.294	2.919	5.462	17.19
测定中误差/km (相对比例)	± 0.167 (12.9%)	± 0.364 (12.5%)	± 0.877 (16.0%)	± 7.155 (41.5%)

因此，在设计网点的密度时，网点的间距以不大于准备测定地下扰动体的深度为宜。

6.3　重力网点密度对地下扰动体测定的影响(模拟计算(2))

重力场变化的截面曲线是一条连续的曲线，要对它进行精确的测量就应该有足够数量的重力点。如果重力网点的密度不够，就会影响对重力场截面曲线的测量，进而影响对地下扰动体的测定。图 6.3.1 表示了重力场变化截面曲线(实线，即信号曲线)、观测曲线(虚线)和拟合曲线(点线)三者之间的关系。人们实际观测到的是信号曲线的折线成分(观测曲线)。对它进行内插拟合后得到的连续曲线是"拟合曲线"。人们以拟合曲线代表信号曲线去计算地下扰动体的参数，当然会产生误差。

误差的大小与以下几方面有关。

首先是重力点的密度。重力点越多，拟合曲线就越能接近所要的信号曲线。其次，是观测网点(图中的小黑点)与信号曲线的关系，现以图 6.3.1 来加以说明。如果有一个网点的平面位置正好和信号曲线的极值点重合(图 6.3.1(a))，这是最佳的情况。此时信号曲线(实线)与点线(拟合曲线)虽然并不完全一致，但是差异不大。最差的情况则是图 6.3.1(b)所示那样，观测点平面位置与重力变化的极值点成对称配置的关系。此时拟合曲线(点线)和信号曲线(实线)之间的差异竟达 10 微伽(20%)。这种差异，不论大小，都会给扰动体的测定带来影响，使所得深度和质量的结果发生误差。

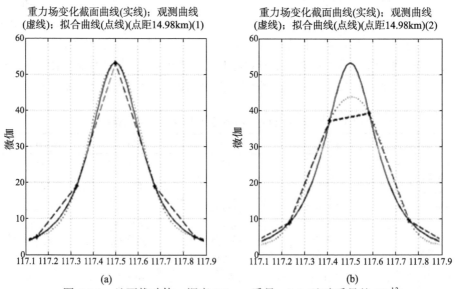

地下扰动体的信号曲线、观测曲线和它的拟合曲线(重力网点间距：14.98km)

图 6.3.1　地下扰动体：深度 15km; 质量：3.0 (地球质量的 10^{-13})

　　除了上述这两个方面之外,测定结果的误差与地下扰动体本身的深度也有密切的关系。这在后面的模拟计算中将会看到。

　　总之,重力网点密度,观测网点平面位置与信号曲线的相对关系,地下扰动体的深度,是影响扰动体参数测定的三个因素。

　　为了对上述叙述有一个具体的概念,下面给出一个模拟计算的结果。

　　这两张图(图 6.3.2 和图 6.3.3)都是在对同一个地下扰动体(2)(表 6.2.1)的深度和质量进行计算。重力点的间距都是 7.81km,唯一的差别是观测点与信号曲线的关系。前者有一个观测点与信号曲线的极值点一致;后者则相互错开。数据处理的方法与过程完全一样,但结果不同:深度分别是 14.85km 和 17.38km;质量是 2.96 和 4.18(单位:地球质量的 10^{-13})。可以看出,它们的拟合曲线和信号曲线间的符合程度并不相同。前者的拟合曲线已基本上和信号曲线一致,所以两个参数的误差都很小(-0.15km 和-0.04 (单位:地球质量的 10^{-13}));后者则存在着明显的差异(注:图中实线与点线的差异),结果的误差分别为 $+2.38$km 和 $+1.18$ (单位:地球质量的 10^{-13}),相对误差达到 15.8%和 39%。这个算例说明了重力点平面位置和信号曲线关系的重要性。

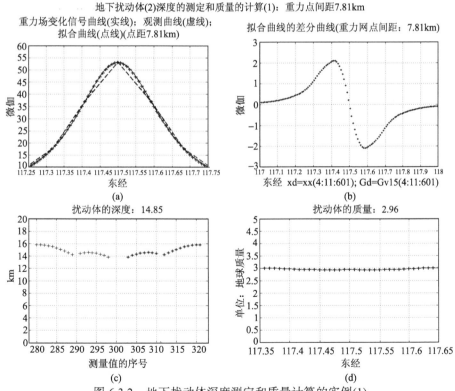

图 6.3.2　地下扰动体深度测定和质量计算的实例(1)

(拟合曲线(点线)与信号曲线(实线)有差异,但不易觉察)

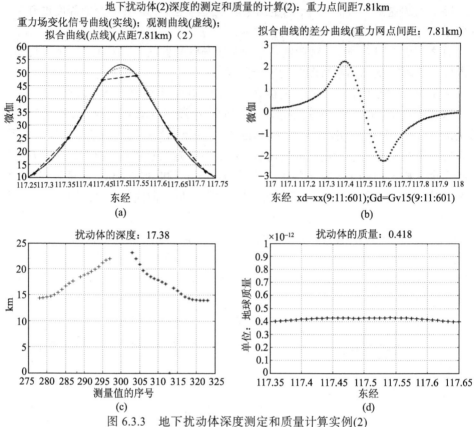

图 6.3.3　地下扰动体深度测定和质量计算实例(2)

(拟合曲线(点线)与信号曲线(实线)间有差异，虽然看上去并不大)

　　上面谈到的其他两个方面，即重力点密度和扰动体深度，它们对测量结果的影响也是明显的。这在下面的模拟计算结果中可以看出。

　　下面按照地下扰动体(2)、地下扰动体(1)和地下扰动体(3)(表 6.2.1)的次序分别列出了有关的模拟计算结果。

　　对地下扰动体(2)进行的模拟计算共有 9 个，采用了 9 个不同的重力点间距。计算结果按间距从小到大依次排列(图 6.34)。对同一间距进行两种不同的计算：观测点与信号极值点一致的(上侧)和不一致的(下侧)。

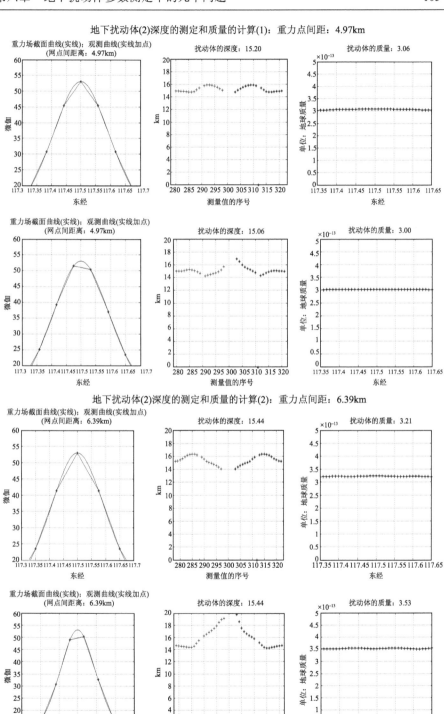

地下扰动体(2)深度的测定和质量的计算(1)：重力点间距：4.97km

地下扰动体(2)深度的测定和质量的计算(2)：重力点间距：6.39km

地下扰动体(2)深度的测定和质量的计算(3)：重力点间距：7.81km

重力场截面曲线(实线)；观测曲线(实线加点)
(网点间距离：7.81km)　　　扰动体的深度：14.85　　　扰动体的质量：2.96

重力场截面曲线(实线)；观测曲线(实线加点)
(网点间距离：7.81km)　　　扰动体的深度：17.38　　　扰动体的质量：0.418

地下扰动体(2)深度的测定和质量的计算(4)：重力点间距：9.23km

重力场截面曲线(实线)；观测曲线(实线加点)
(网点间距离：9.23km)　　　扰动体的深度：14.93　　　扰动体的质量：2.98

重力场截面曲线(实线)；观测曲线(实线加点)
(网点间距离：9.23km)　　　扰动体的深度：17.38　　　扰动体的质量：0.544

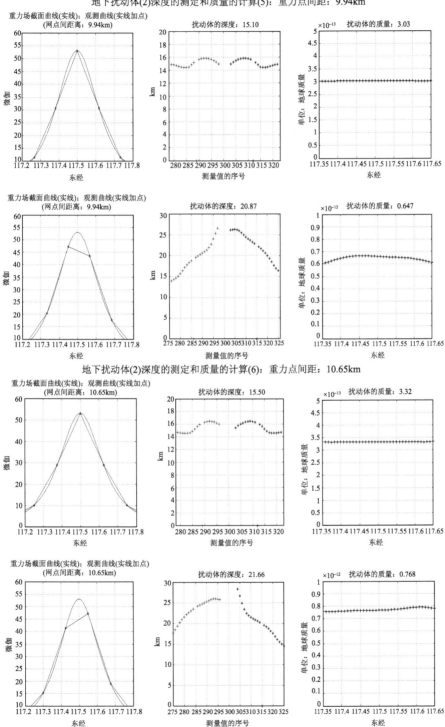

地下扰动体(2)深度的测定和质量的计算(5)：重力点间距：9.94km

地下扰动体(2)深度的测定和质量的计算(6)：重力点间距：10.65km

地下扰动体(2)深度的测定和质量的计算(7)：重力点间距：12.07km

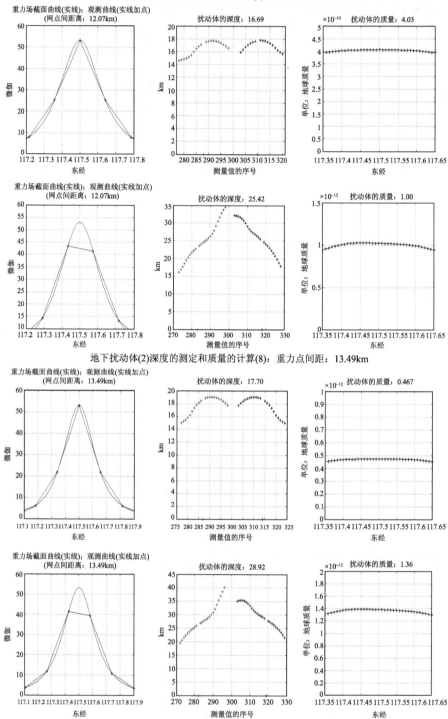

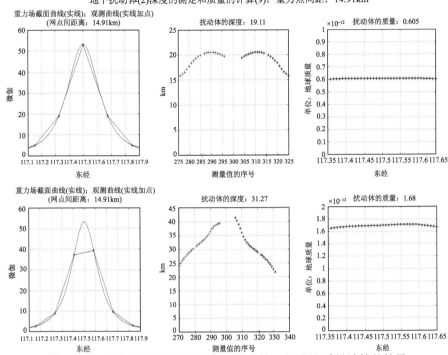

图 6.3.4 重力点间距离不同时地下扰动体(2)深度和质量计算的结果

表 6.3.1 是图 6.3.4 中结果的综合。表中"测量(或计算)值(1)"指的是网点中有一点与信号曲线的极值点相重合,"测量(或计算)值(2)"指的是观测点的平面位置与信号曲线的极值点成对称的配置关系。

表 6.3.1　地下扰动体(2)深度、质量设定值:15km、3.00(地球质量的 10^{-13})

序号	1	2	3	4	5	6	7	8	9
网点间距离/km	4.97	6.39	7.81	9.23	9.94	10.65	12.07	13.49	14.91
深度测量值(1)	15.20	15.44	14.85	14.93	15.10	15.50	16.69	17.70	19.11
深度测量值(2)	15.06	15.88	17.38	19.54	20.87	21.66	25.42	28.92	31.27
质量计算值(1)	3.06	3.21	2.96	2.98	3.03	3.32	4.03	4.67	6.05
质量计算值(2)/(地球质量的 10^{-13})	3.00	3.53	4.18	5.44	6.47	7.68	10.00	13.60	16.80

对地下扰动体(1)和(3)也分别进行了类似的计算,结果表示在图 6.3.5 和图 6.3.6 中。

地下扰动体(1)深度的测定和质量的计算(1)：重力点间距：2.84km

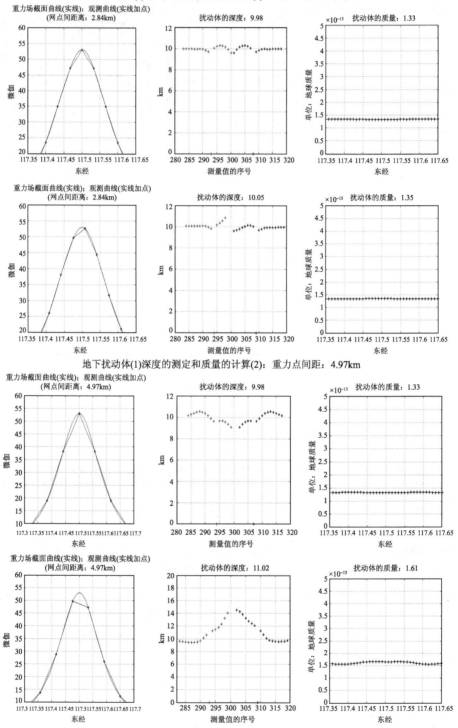

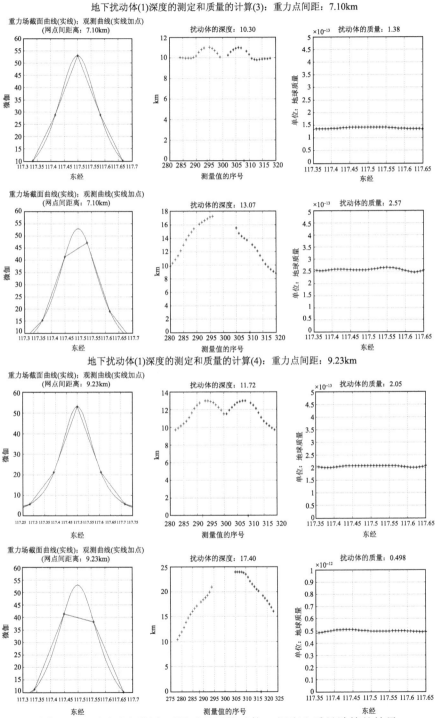

图 6.3.5　重力点间距离不同时地下扰动体(1)深度和质量计算的结果

地下扰动体(3)深度的测定和质量的计算(1)：重力点间距：4.97km

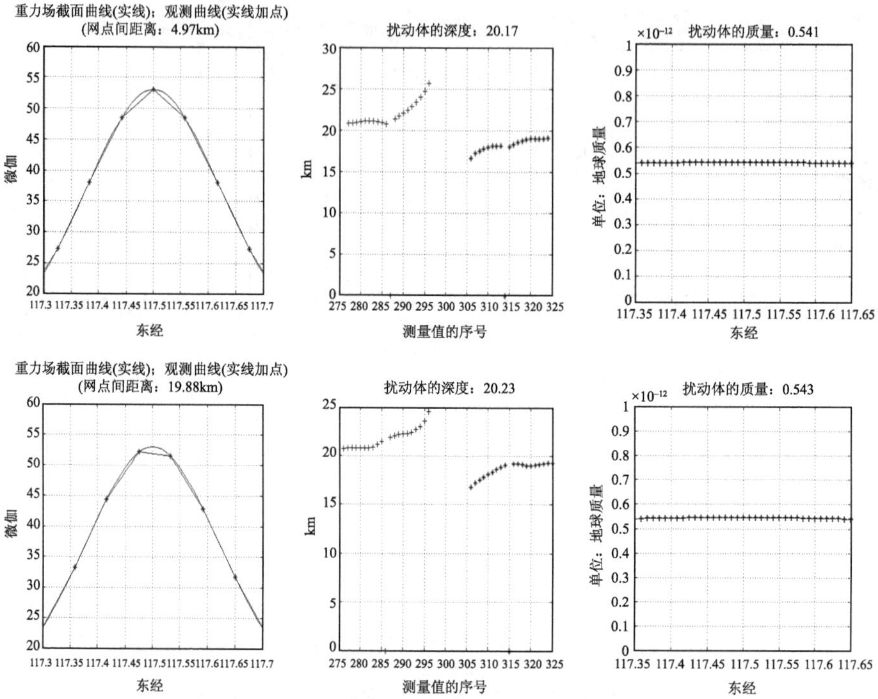

重力场截面曲线(实线)；观测曲线(实线加点)
(网点间距离：4.97km)
微伽
东经
扰动体的深度：20.17
km
测量值的序号
×10⁻¹² 扰动体的质量：0.541
单位：地球质量
东经
重力场截面曲线(实线)；观测曲线(实线加点)
(网点间距离：19.88km)
微伽
东经
扰动体的深度：20.23
km
测量值的序号
×10⁻¹² 扰动体的质量：0.543
单位：地球质量
东经

地下扰动体(3)深度的测定和质量的计算(2)：重力点间距：9.94km

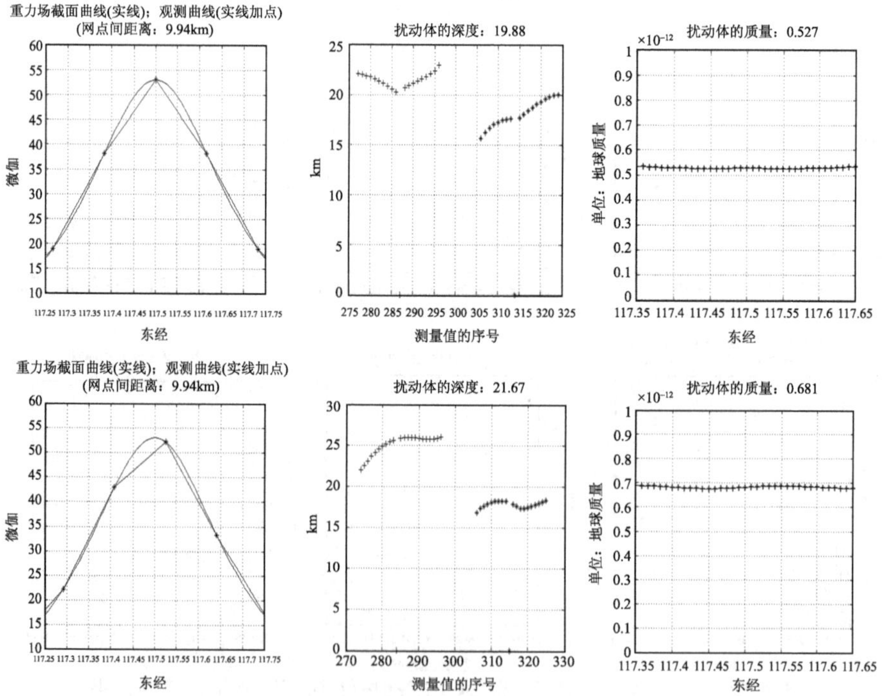

重力场截面曲线(实线)；观测曲线(实线加点)
(网点间距离：9.94km)
微伽
东经
扰动体的深度：19.88
km
测量值的序号
×10⁻¹² 扰动体的质量：0.527
单位：地球质量
东经
重力场截面曲线(实线)；观测曲线(实线加点)
(网点间距离：9.94km)
微伽
东经
扰动体的深度：21.67
km
测量值的序号
×10⁻¹² 扰动体的质量：0.681
单位：地球质量
东经

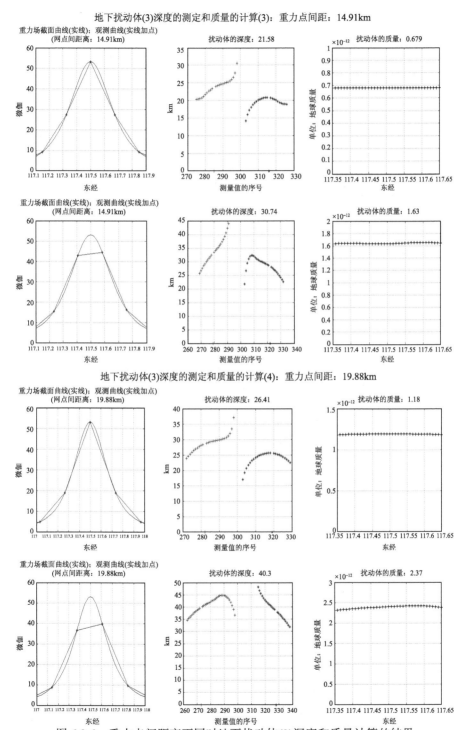

图 6.3.6 重力点间距离不同时地下扰动体(3)深度和质量计算的结果

表 6.3.2 和表 6.3.3 是图 6.3.5 和图 6.3.6 中结果的综合表示。

表 6.3.2   地下扰动体(1)深度、质量设定值：10km、1.33(地球质量的 10^{-13})

序号	1	2	3	4
网点间距离/km	2.84	4.97	7.10	9.23
深度测量值(1)	9.98	9.98	10.30	11.72
深度测量值(2)	10.05	11.02	13.07	17.40
质量计算值(1)	1.33	1.33	1.38	2.05
质量计算值(2)	1.35	1.61	2.57	4.98

表 6.3.3   地下扰动体(3)深度、质量设定值：20km、5.33(地球质量的 10^{-13})

序号	1	2	3	4
网点间距离/km	4.97	9.94	14.91	19.88
深度测量值(1)	20.17	19.88	21.57	26.41
深度测量值(2)	20.23	21.67	30.74	40.30
质量计算值(1)	5.41	5.27	6.79	10.18
质量计算值(2)	5.43	6.81	16.30	23.70

图 6.3.7 是上述三个表格中结果的综合。图的纵坐标是深度或质量计算值与设定值之比，横坐标是重力点的间距与扰动体各自深度的比值。

图 6.3.7(a)、(b)表示了网点间距离对所求扰动体深度、质量不同的影响。上下两图中都有两组线条，它们分别是重力网点与信号曲线极值点位置相一致(低的一组)，或者不一致(高的一组)时的影响情况。

重力点间距对深度测量值的影响(扰动体(1)：点线；扰动体(2)：虚线；扰动体(3)：实线)

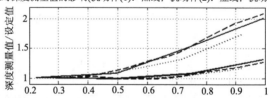

重力点间距对质量计算值的影响(扰动体(1)：点线；扰动体(2)：虚线；扰动体(3)：实线)

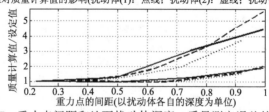

图 6.3.7   重力点间距和地下扰动体深度、质量测定误差的示意图

该图表明，尽管三种扰动体的深度不同，但当以它们各自的深度为单位来表示重力点的间距(横坐标)，和以相对误差的形式来表示扰动体深度或质量的误差(纵坐标)时，它们在实际上可以被认为是一样的。因此可以用任一个扰动体的计算结果来

作为代表。现在选用扰动体(3)模拟计算的结果(扰动体的深度为 20km)，即图 6.3.8。
它将同时适用于深度为 10km 和 15km 时的情况。

在图 6.3.8 中，横坐标是重力点间距离(以扰动体的深度为单位)，纵坐标则是参
数测定的相对误差。图中实线表示重力点与信号曲线极值点位相一致时的关系；虚
线表示二者不一致时的关系。

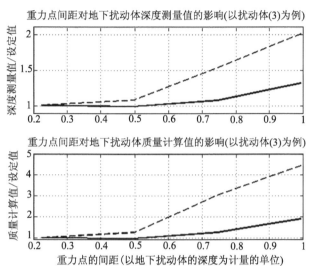

图 6.3.8　重力网点间距与扰动体深度之比(横坐标)与扰动体深度、
质量测定相对误差(纵坐标)关系的示意图

从图 6.3.8 可以得到以下结论。

(1) 重力网的密度对地下扰动体参数的测定是有影响的。

(2) 在同样的情况下，点位密度对质量的影响要大于对深度的影响。这是因为
扰动体的质量是在计算得到深度以后才接着计算的，因此前者的误差会直接进入后
者(见式(3.2.11))。

(3) 就一般而言，重力点的间距最好不要超过扰动体深度的一半。这时重力点
的密度问题本身对地下扰动体深度、质量测定的影响十分有限，即使重力点位对信
号曲线的最大点有所偏离，其影响还是有限的。

(4) 就我国京津唐张和滇西两个地区而言，地下扰动体的深度都在 8～16km 范
围内(图 8.4.1 和图 10.4.1)。与地下扰动体的测定有关的那些重力网点间的距离大致
与其相当。大体上说，还没有严重地影响对地下扰动体深度、质量的测定。当然，
如果能有意识地布置一些网点，间距更小一些，得到的深度、质量值将更准确一些。

综合上述讨论，重力点的间距最好不大于地下扰动体深度的 0.5～0.75 倍。这
时无论是相对重力网中误差的累积，还是网点的密度，对扰动体深度、质量测定的
影响都还比较有限。在设计重力网时应该有意识地考虑到这一点。

第七章　京津唐张地区地震前后的重力场变化

就目前的认识而言，重力场变化与地震的关系是一个地方性的问题。如果在一个地区发现了与地震相关联的重力场变化，不能就此而认为其他地区也一定有这个现象；反之亦然。应该从实际出发。如果在一个地区发现了与地震发生相关联的重力场变化，就应该积极地去对待，考察、认证其真实性，然后对其进行研究。

京津唐张地区位于中国北部的华北构造区内，在地质史上经历过各种不同的地质演化阶段。对该地区地震的活动有着丰富的历史记载。自 1000 年以来，发生过 5 次大于 8 级的地震，12 次 7.0～7.9 级的地震，60 次以上 6.0～6.9 级的地震(顾功叙等，1997)。近年来的邢台(M6.8)、河间(M6.3)、渤海(M7.4)、海城(M7.3)和 1976 年的唐山(M7.8)等地震都发生在这个地区，是研究这个问题比较合适的地区，另一个有利条件就是该地区的京津唐张重力网。30 多年来连续高质量的重复观测，为研究准备了可靠的科学依据。

在过去这段时间里，我国科学家对该地区"局部重力场变化与地震发生的关系"的研究已取得了重要的进展，对该地区与地震发生有关的重力变化过程已取得了清晰的、一致的图像；对发生在该地区几乎所有的地震，与根据模型所计算的重力时空变化之间都得到了很好的符合(陈运泰等，2002)。但是陈运泰教授同时也指出，这是一个尚待继续研究的问题："地震发生前重力场是否真的发生变化，重力场变化与地震的内在联系是什么，这个问题并没有解决"(陈运泰等，2002)。这就是本章的目的，对这个地区地震发生前后重力场的变化进行全面深入的搜索，对发现与地震发生有关的重力场变化逐个审定，确认其真实性和可信性。在此基础上对它与地震发生的关系进行研究。

但是，在京津唐张重力网 1987 年开展连续观测以来，这个地区并没有发生过特大的地震。1998 年 1 月 10 日张北 M6.2 地震的震中(东经 114.5°、北纬 41.1°)不在重力网的范围内，相距有 100 多千米。在重力网内发生的最大地震，即 1995 年 10 月 5 日的古冶地震，它的震级也只有 M5。其他地震的震级也都不大。对主要关心大震强震的人来说，在这个地区进行这样研究的意义可能存有疑问。对此，顾功叙等在 1997 年发表的论文中以实际的工作做出回答：即使只有 M4 地震的资料可用，也还是可以做出有价值的研究(顾功叙等，1997)。其实，如果中等强度的地震也能找出规律来，何况大震？作为基础性研究，其意义就在于此。

本章将根据京津唐张重力网 1987～1998 年间的观测资料对该地区重力场变化

与地震发生的关系问题进行研究。为了更好地研究它们二者间的关系及其机理，引入了第三方，即地下质量的迁移；为了能更好地探讨地下质量迁移、重力场变化和地震的发生三者之间的关系，把对个别地震事件的分析研究延伸为对一段时间里地震事件系列的研究，它们的发生与重力场变化和地下质量迁移这两个时间序列间关系的研究；并且把有关的信息尽量参数化和数字化，以得到明确和肯定的结论。这就是本章和第八章的主要内容。

7.1　京津唐张重力网和地区发生的地震(1987～1998 年)

在 1987～1998 年的 12 年间，京津唐张地区共发生了 9 次地震(M>4)，它们的情况见表 7.1.1 和图 7.1.1。

表 7.1.1　1987～1998 年间京津唐张地区的 9 次地震(M>4)

代号	日期/国际时	时间	纬度/(°)	经度/(°)	深度/km	Ms	Ms7	mL	mb	mB
A	1988/08/03	09:44:13.6	39.65	118.90	10	4.3		4.3		
B	1990/07/23	08:41:32.5	39.84	118.58	28	3.9	3.9	4.6	4.3	
C	1991/05/29	23:06:56.0	39.66	118.38	24	4.9	4.5	4.8	4.7	
D	1992/07/21	21:43:02.4	39.29	117.95	32	4.3	4.2	4.4	4.5	5.5
E	1993/02/03	16:55:52.5	39.81	118.61	12	4.6	4.8	3.5	4.6	
F	1993/11/17	23:05:09.6	39.58	117.55	23			4.0		
G	1995/10/05	22:26:56.2	39.72	118.55	20	4.8	4.5	5.0	4.4	
H	1996/12/15	21:36:32.9	40.23	116.70	10	4.2	4.0	4.4	4.1	
I	1998/01/10	03:50:38.6	41.12	114.51	15	6.3	6.0	6.2	5.6	6.0

注：共计 9 个事件。中国地震台网中心(CENC)提供

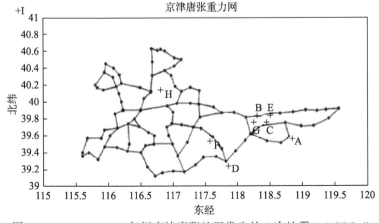

图 7.1.1　1987～1998 年间京津唐张地区发生的 9 次地震：A-I(M>4)

　　京津唐张重力网自 1987 年建立以来已连续观测了 30 多年。该网每年进行 3～4 次重复的重力观测。李辉研究员在 1999 年曾对其中一部分观测数据进行了重新处理和归算(李辉等，2000)，得到 46 期重力场观测结果(图 7.1.2)。

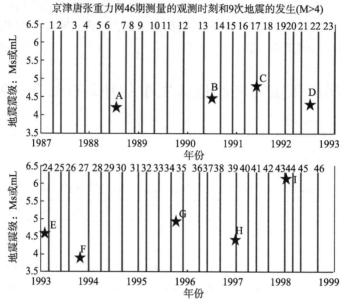

图 7.1.2　京津唐张重力网的 46 期观测和 9 次地震的发生(1987～1998 年)

7.2　京津唐张地区重力场及其变化的测量结果(1987～1998 年)

　　图 7.2.1 依次展示了从 1987.25～1998.67 这将近 12 年时间里京津唐张重力网

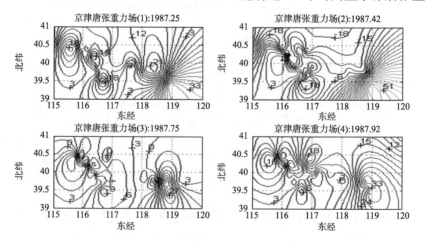

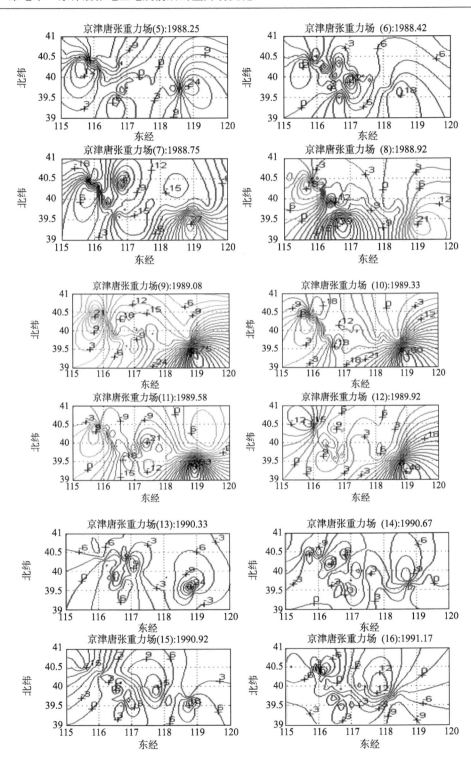

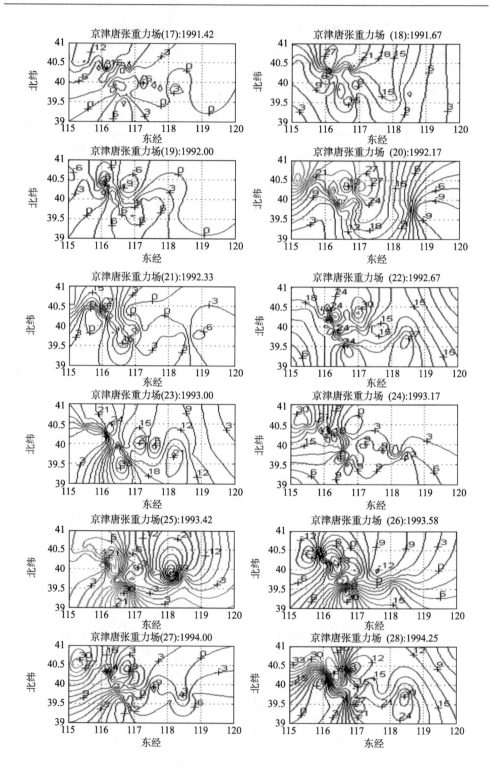

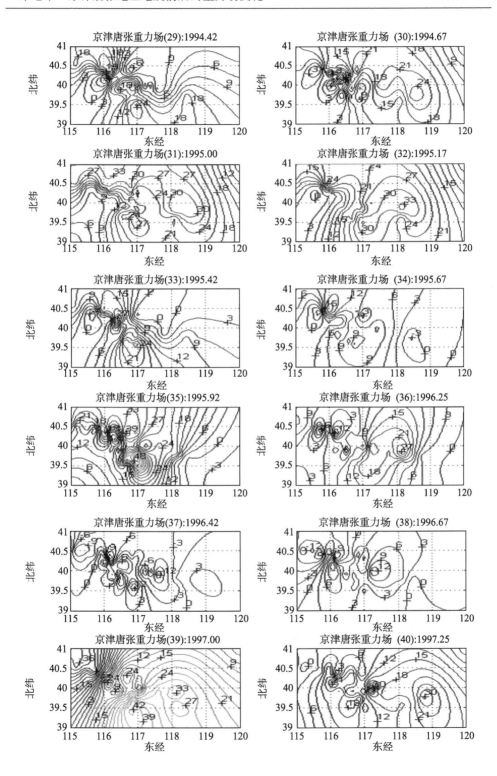

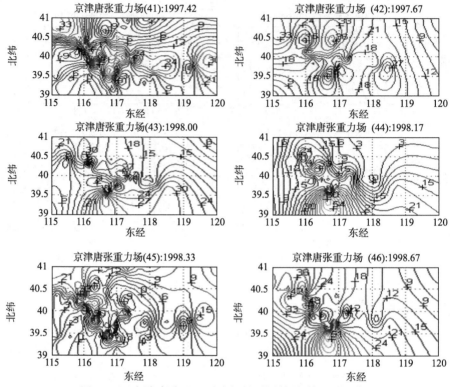

图 7.2.1 京津唐张地区重力场的测量结果(第 1~46 期)

测量得到的重力场测量结果，共 46 期。图中标题标明了测量结果的序号和它的观测历元(以年为单位)，重力等值线的单位是微伽，两相邻等值线的差值是 3 微伽。

对上述结果求差分，得到图 7.2.2 所示的 45 个重力场变化结果。图中标题中的(i)是结果的序号(i = 1, 2, 3,···, 45)。同时给出的还有各重力场变化结果对应的时间段(以年为单位)，即该变化是在这一段时间里发生的。

有了这些结果，就可以得到这 12 年间任两个时间节点之间的重力场变化，只要将时间节点内所有有关的差分相加就可以得到。

图中同时标出了京津唐张重力网的网点。从原则上讲，在网点范围以外用数据外推方法得到的结果都是不能用的。例如，重力场变化结果(8)，在它的右下方看到一个幅度达到−80 微伽的重力相对变化，这是不可信的。因为它由数据外推而来，而且所处位置是重力网中图形结构最差的地方。类似的情况在图 7.2.2 中列出的 45 个结果中还有一些。应该被视为测量的"粗差"而将这一部分测量结果予以摒弃。

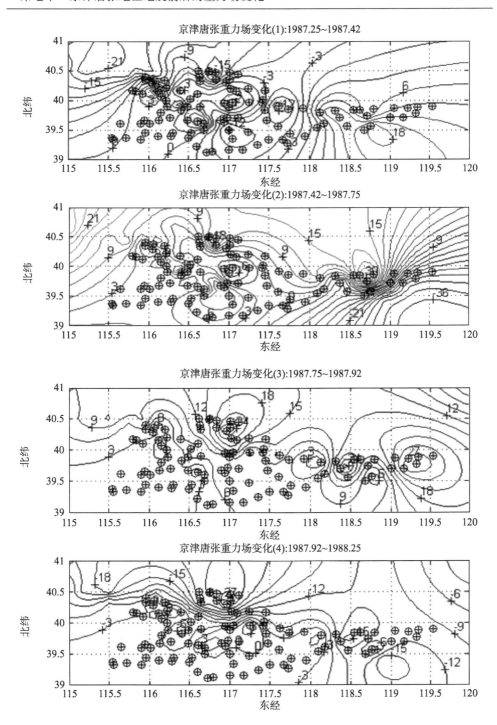

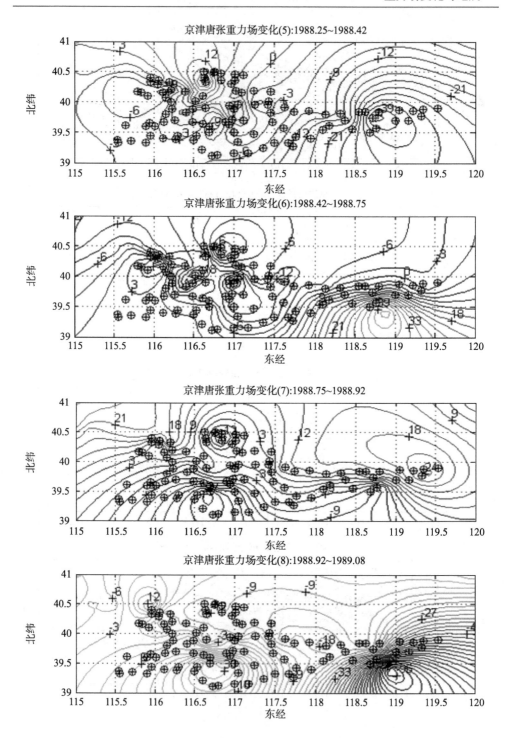

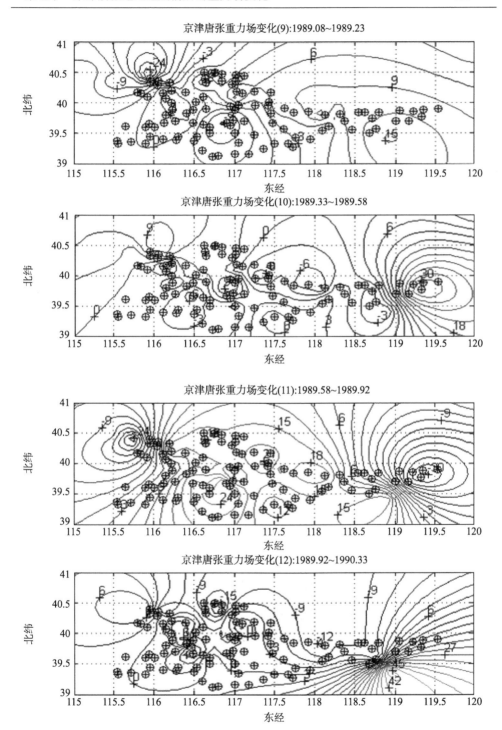

京津唐张重力场变化(13):1990.33~1990.67

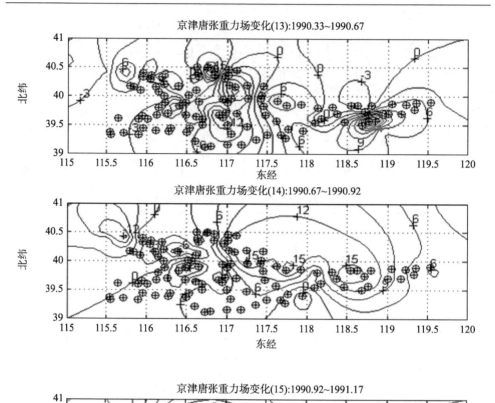

京津唐张重力场变化(14):1990.67~1990.92

京津唐张重力场变化(15):1990.92~1991.17

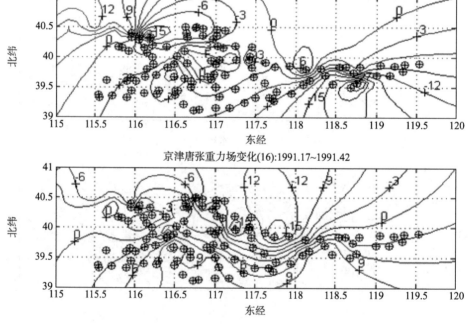

京津唐张重力场变化(16):1991.17~1991.42

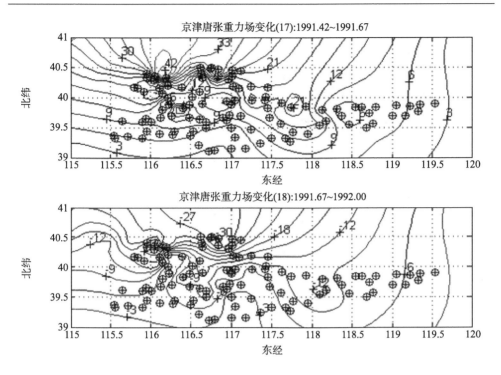

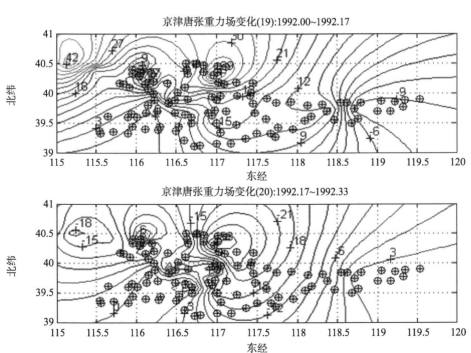

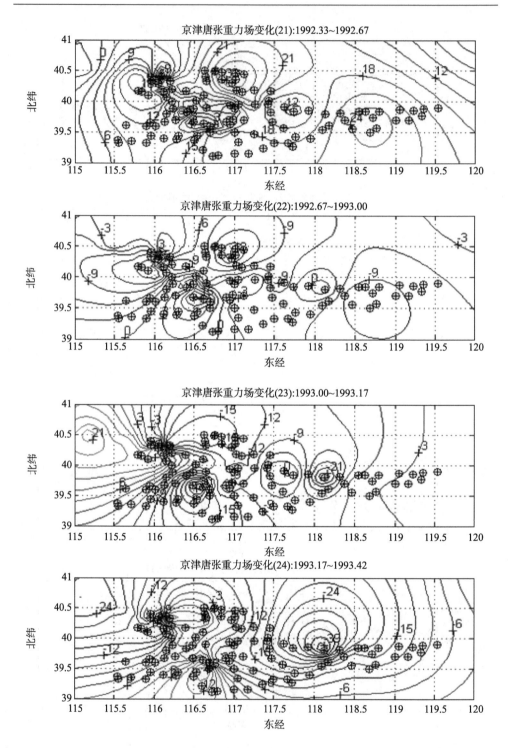

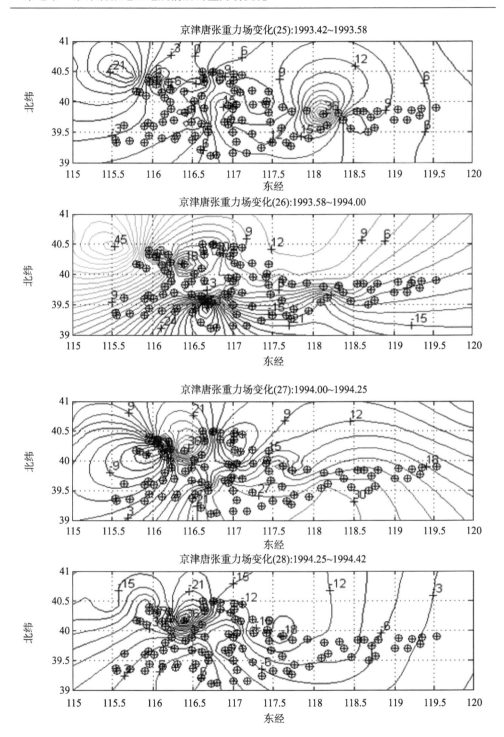

京津唐张重力场变化(25):1993.42~1993.58

京津唐张重力场变化(26):1993.58~1994.00

京津唐张重力场变化(27):1994.00~1994.25

京津唐张重力场变化(28):1994.25~1994.42

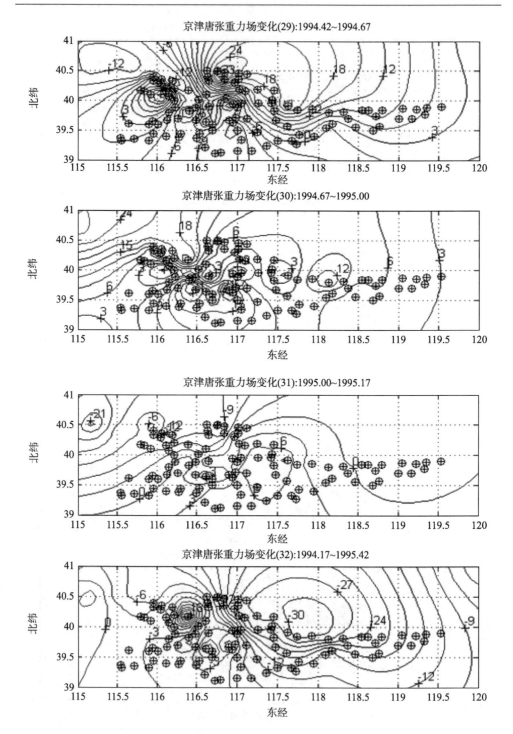

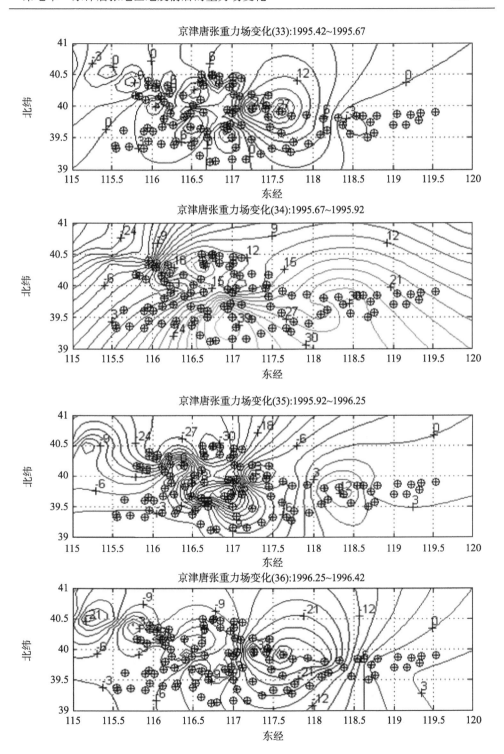

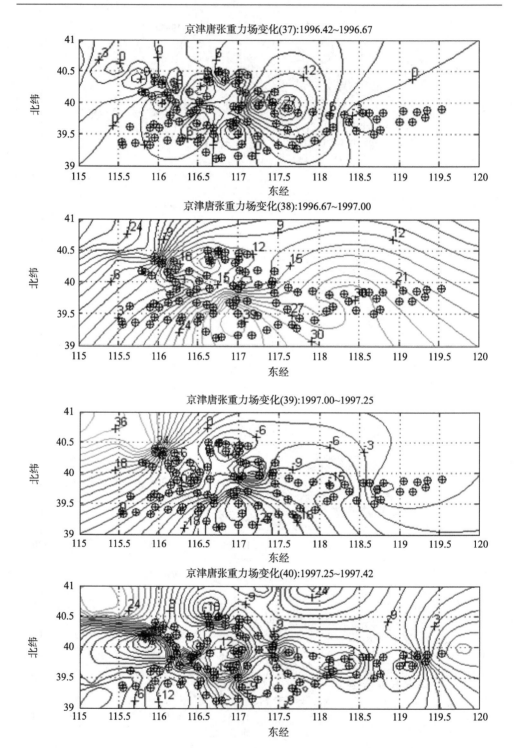

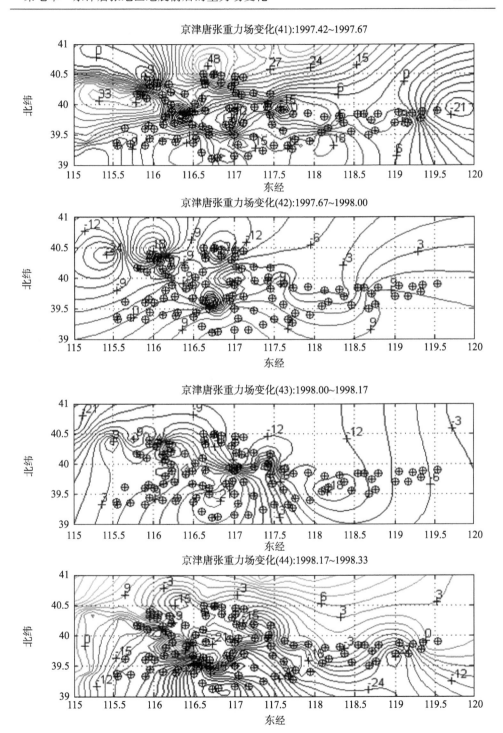

京津唐张重力场变化(41):1997.42~1997.67

京津唐张重力场变化(42):1997.67~1998.00

京津唐张重力场变化(43):1998.00~1998.17

京津唐张重力场变化(44):1998.17~1998.33

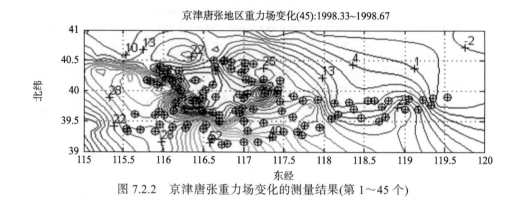

图 7.2.2　京津唐张重力场变化的测量结果(第 1~45 个)

7.3　古冶地震(Ms4.8，mL5.0)前后重力场的变化

　　在中国华北的京津唐张地区是否存在着和地震发生有关的重力场变化？古冶地震前后发现的重力场变化便是一个很好的实例。

　　1995 年 10 月 5 日(1975.76)发生的古冶地震,即地震 G(Ms4.8,mL5.0)(表 7.1.1),是在本研究涉及的时间里地区发生的最强一次地震。在地震前后, 重力网内发现重力场发生了显著的变化, 中心位置为东经 116.42°、北纬 40.17°。在半径 20km 的范围内, 重力的相对变化达到 50 微伽。在变化区域的周围有足够数量的重力点, 足以证明其真实性, 不是测量误差造成的假象。但是它的位置离开震中(东经 118.55°、北纬 39.72°)180 余千米之遥(图 7.3.1), 与以往传统的概念不相符。如何来证明这是一个与古冶地震发生有关的重力场变化呢？

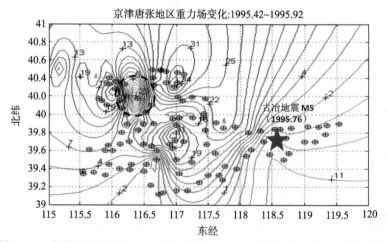

图 7.3.1　古冶地震(东经 118.55°、北纬 39.72°)与发现的局部重力变化

(东经 116.42°、北纬 40.17°)

首先要确认的是图 7.3.1 中所示重力场变化结果的真实性。作为测量的结果，最通用的方法是对它的信噪比，即信号幅度与测量误差之比，进行检验，判断其可信性。图 7.3.2 是其放大图，其中标出了 4 个有关的重力网点，即 24、25、197 和 196 点。图中的表依次表示了其他 3 个网点对重力最低点(25)重力差的观测值(信号)，它们的测量中误差是±7 微伽(噪声)(李辉等，2000)。表中分别列出了它们的信噪比。它们都大于 3，因此是可信的，置信度为 99%以上。也就是说，重力场在这 6 个月里(1995.42~1995.92)发生了显著的变化，形状如同一个倒圆锥体，幅度达 50 微伽(图 7.3.2 的右侧分图)。这个测量结果是可信的。

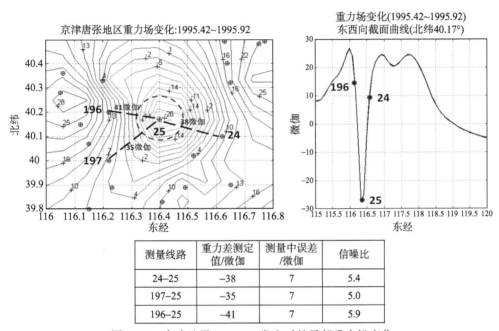

测量线路	重力差测定值/微伽	测量中误差/微伽	信噪比
24–25	−38	7	5.4
197–25	−35	7	5.0
196–25	−41	7	5.9

图 7.3.2　古冶地震(1995.76)发生时的局部重力场变化

为更进一步体会这个结果的可信性，对古冶地震前后该地重力场变化的全过程做一番考察是有帮助的。

为便于表示和观察，用重力场在东西方向上截面曲线的变化来代替它本身的变化。图 7.3.3 表示在 6 个不同的时刻，即 1995.00, 1995.17, 1995.42, 1995.67, 1995.92, 和 1996.25，分别观测到的截面曲线。作为一个时间序列，它们表示了重力场在 1995.00~1996.25 这 15 个月中的变化过程。

图 7.3.3 中的数据处理是这样进行的：(a) 是 6 个不同时刻重力场本身在东西方向上(等纬线 40.17)的截面曲线。它们都经过了线性拟合以更好地表示出截面曲线中的非线性分量。(b) 则单独列出了其中的 4 条曲线，即在 1995.00、1995.17、1995.67、1996.25 四个不同时刻观测到的截面曲线。它们如此接近，可以把其视为

在与地震有关的重力变化尚未出现之前，或这种变化已经消失以后，重力场截面曲线的原始"零"状态。求出它们的平均曲线(图中粗实线加圆圈)，把它视为是重力场测量中尚存的系统误差(见 4.4 节，即数据归算时采用的空间基准中一种未知的系统误差)而予以扣除，然后把统一扣除了这个系统误差以后的 6 条截面曲线重新表示出来(图 7.3.3(c))。由于这些曲线都曾经过线性拟合，1995.42 和 1995.92 这两条曲线还需要相应地抬高或者降低，以更好地表示出它们各自与地震发生有关的非线性分量(图 7.3.3(d))。

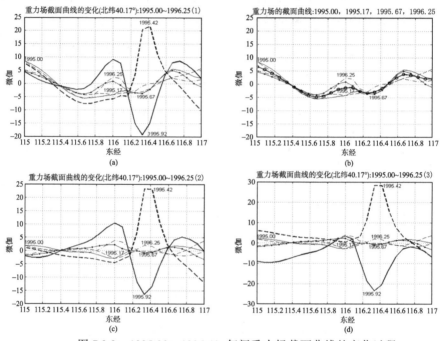

图 7.3.3   1995.00～1996.42 年间重力场截面曲线的变化过程

这样，重力场在这 15 个月里的变化过程就被清楚地表示了出来。从静止(1995.00,1995.17)到隆起(1995.42)；快速下降；经过 1995.67 那个原始"零"状态后到达极低点(1995.92)；然后再恢复到原先的静止状态(1996.25)。

在 1995.42～1995.92 半年时间里，重力的变化率最大，达 50 微伽/(0.5 年)。古冶地震(1995.76)就发生在这个时间段里。重力场在 1995.00～1995.17 这 2 个月的时间里是相对静止的，在接着的 3 个月里(1995.17～1995.42)开始变化。接着反向变化到 1995.67 的那根曲线按理说这时会朝着这个方向继续变化，一直到地震发生的那一刻(1995.76)。可惜在那个时刻并没有任何观测，一直到地震发生后的 2 个月(1995.92)才有下一次的观测，显然错过了对地震时重力场发生的最大变化进行直接观测的机会。因此可以设想，地震发生时重力的实际变化率会比这个平均值(50 微伽/(0.5 年))大，也许会大很多。

古冶地震发生的时刻与重力变化率达到极值的时间相符，这本身就是一个证据，说明图 7.3.1、图 7.3.2 所示重力场的变化与古冶地震二者之间是关联的。

应该指出，古冶地震前后重力场变化表现出来的这种特点：向上(1995.17～1995)；向下(1995.42～1995.92)；再向上(1995.92～1996.25)，恢复到原位。与云南丽江地震(M6.9)发生时所看到的相似(见图 9.6.5，但次序正好相反)。当然，并不是所有与地震有关的重力场变化都具有这样的特点。对此，还需要更多事例来进一步认识它。

地震发生前后重力场的变化往往是成对出现的。下面以古冶地震为例对此进行考察。

在图 7.3.3 中已经能看到这样的一个过程，即地震前后重力场的变化是成对出现的。但是在对地震前重力场的变化(33：1995.42～1995.67)和地震后的变化(35：1995.92～1996.25)二者的比较中(图 7.3.4)，这种"成对性"更加直观和清楚。

这两个重力场变化结果是在地震发生(1995.76)的前后分别进行的独立观测。它们覆盖时间段的长度并不一致，分别是 3 个月和 4 个月。但是已经可以看出，它们(见圆圈部分)呈负相关(相关系数-0.78)。

从图中还可以看到，不论是震前还是震后，重力变化最大处的位置是一致的，即东经 116.42°、北纬 40.17°。为了方便，下面仍然用重力场或者重力场变化的截面曲线来对此进行讨论。

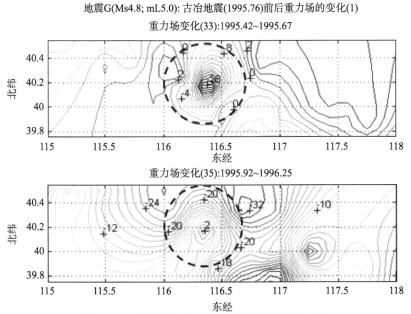

图 7.3.4 古冶地震前、地震后重力场的变化(1)

图 7.3.5 是对地震前后两个重力场变化结果可信性的分析结果。图的表格中列出了有关重力差测定值与测量中误差之比，即信噪比。所有的结果都达到了 2 或 3 的要求，因此可以确认这两个局部重力场的变化是真实可信的。震前重力场呈下凹变化，震后则相反，重力场隆起。这两个变化过程与图 7.3.3 中截面曲线的变化情况完全相符。

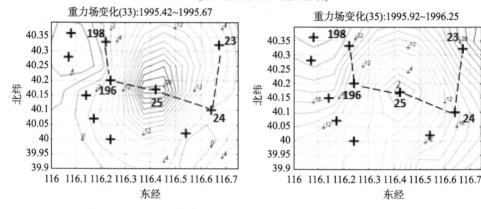

图 7.3.5　古冶地震前、地震后重力场的变化(2)

上述两个重力场变化的时间跨度并不完全一致，但还是可以对它们做直接的比较。地震前后发生的这两个局部重力场变化(震后曲线反向表示)，其形状相似，尺度相当，但符号相反(图 7.3.6)。

为探讨上述重力场变化可能的起因，对实测得到重力场变化的截面曲线(实线)和根据公式(第三章)计算的理论曲线(虚线)进行了直接比较(所用扰动体的具体参数来自图 8.2.1)。不论是震前(1995.42～1995.67) (图 7.3.7)，或者是震后(1995.92～1996.42) (图 7.3.8)，二者之间都很接近。当然，测量误差的影响使得它们之间存在着差异。这种差异是前面(第五章和第六章)讨论过的情况，即网中误差的累积所造成的影响(图 2.4.2 和图 11.1.2)，是可以理解的。

因此，这种局部重力场的变化很可能来源于地下质量的迁移。要最终证明这一点还要有更多的事实，以及重力场变化和地震发生关系内在联系的揭示。

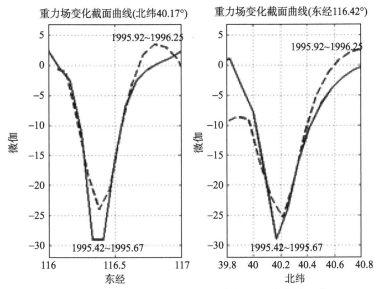

图 7.3.6 古冶地震前后重力场变化截面曲线的比较

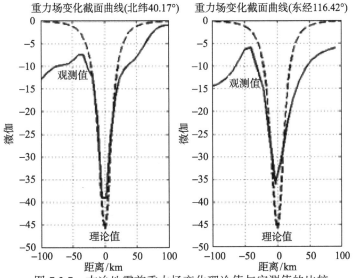

图 7.3.7 古冶地震前重力场变化理论值与实测值的比较

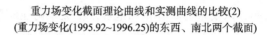

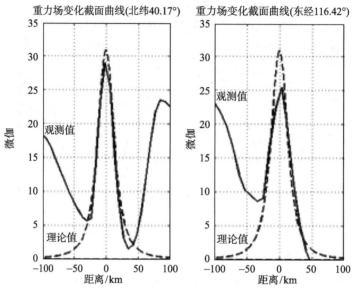

图7.3.8 古冶地震后重力场变化理论值与实际的比较

综上所述，可以得到这样的结论：古冶地震前后发现的重力场变化，不论是震前的还是震后的，都是重力场真实的变化；它们是成对出现的，形状、大小相似但符号相反；它们的出现与地震有关，并且可能来源于地下质量的迁移。至于重力场变化的地点为什么离开震中如此遥远，如何才能说明他们仍然是有关的？这个问题在发现其他地震也有类似的现象时就会迎刃而解。

7.4 其他8次地震前后重力场变化的测量结果及其可信性分析

要证明在这个地区地震前后存在着与地震相关联的重力场变化，除了7.3节古冶地震的这个例子外，应该寻找更多的实例以增加说服力。因此，对其他8次地震(表7.1.1)也进行了类似的研究，结果依次如图7.4.1～图7.4.8所示。需要说明的是，图中标题的"地震前后"是一种粗略的说法。可以设想，如果在地震发生的那一刻也有观测的话，信噪比分析的结果可能会更好。

地震A: (M4.3(1988.59))前后重力场的变化

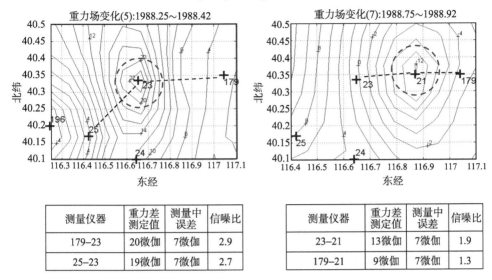

测量仪器	重力差测定值	测量中误差	信噪比
179–23	20微伽	7微伽	2.9
25–23	19微伽	7微伽	2.7

测量仪器	重力差测定值	测量中误差	信噪比
23–21	13微伽	7微伽	1.9
179–21	9微伽	7微伽	1.3

图 7.4.1　地震 A 前后重力场的变化及对测量结果的信噪比分析

地震B: M4.6(1990.56)前后重力场的变化

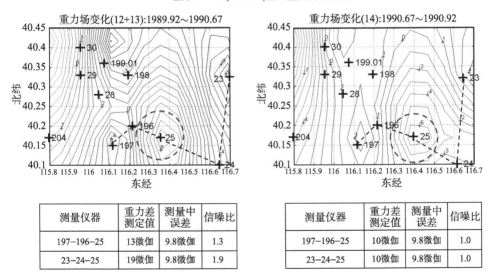

测量仪器	重力差测定值	测量中误差	信噪比
197–196–25	13微伽	9.8微伽	1.3
23–24–25	19微伽	9.8微伽	1.9

测量仪器	重力差测定值	测量中误差	信噪比
197–196–25	10微伽	9.8微伽	1.0
23–24–25	10微伽	9.8微伽	1.0

图 7.4.2　地震 B 前后重力场的变化及对测量结果的信噪比分析

地震C: M4.8(1991.41)前后重力场的变化

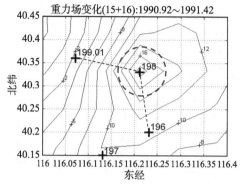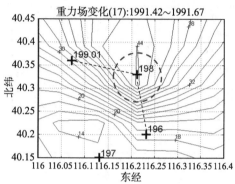

测量仪器	重力差测定值	测量中误差	信噪比
199.01−198	17微伽	7微伽	2.4
196−198	9微伽	7微伽	1.3

测量仪器	重力差测定值	测量中误差	信噪比
199.01−198	14微伽	7微伽	2.0
196−198	26微伽	7微伽	3.7

图 7.4.3　地震 C 前后重力场的变化及对测量结果的信噪比分析

地震D: M4.4(1992.56)前后重力场的变化

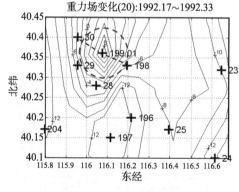

测量仪器	重力差测定值	测量中误差	信噪比
30−199.01	14微伽	7微伽	2.0
198−199.01	16微伽	7微伽	2.7

测量仪器	重力差测定值	测量中误差	信噪比
30−199.01	22微伽	7微伽	3.1
198−199.01	24微伽	7微伽	3.4

图 7.4.4　地震 D 后重力场的变化及对测量结果的信噪比分析

地震E: M4.6(1993.09)前后重力场的变化

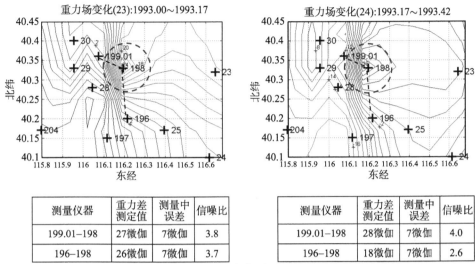

测量仪器	重力差测定值	测量中误差	信噪比
199.01−198	27微伽	7微伽	3.8
196−198	26微伽	7微伽	3.7

测量仪器	重力差测定值	测量中误差	信噪比
199.01−198	28微伽	7微伽	4.0
196−198	18微伽	7微伽	2.6

图 7.4.5　地震 E 后重力场的变化及对测量结果的信噪比分析

地震F: M4.0(1993.88)前后重力场的变化

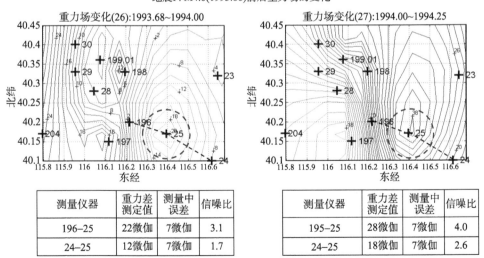

测量仪器	重力差测定值	测量中误差	信噪比
196−25	22微伽	7微伽	3.1
24−25	12微伽	7微伽	1.7

测量仪器	重力差测定值	测量中误差	信噪比
195−25	28微伽	7微伽	4.0
24−25	18微伽	7微伽	2.6

图 7.4.6　地震 F 前后重力场的变化及对测量结果的信噪比分析

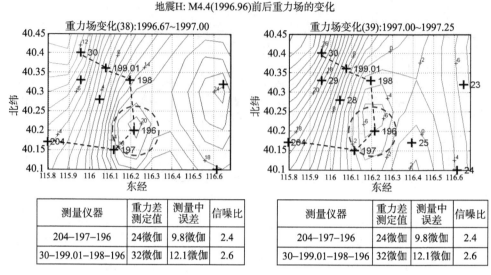

图 7.4.7   地震 H 前后重力场的变化及对测量结果的信噪比分析

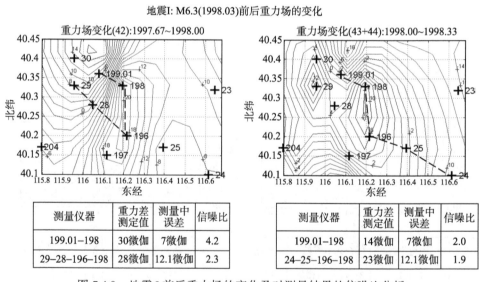

图 7.4.8   地震 I 前后重力场的变化及对测量结果的信噪比分析

表 7.4.1 综合表示了上述信噪比分析的结果(同时包括了古冶地震 G)。表中数据说明,除了地震 B 的重力场变化结果没有达到测量信噪比大于 2 这一要求外,其他所有结果都达到要求,说明可信。

表 7.4.1　9 次地震(M>4)发生前后出现的重力场变化结果的信噪比分析

地震	信噪比 (测量时段 1)	信噪比 (测量时段 2)	两个测量时段中间点的时刻值离地震发生的时间
A:M4.3(1988.59)	2.9, 2.7	1.9, 1.3	地震发生在两个测量时段之间
B:M4.6(1990.56)	1.3, 1.9	1.0, 1.0	1990.67(地震后 0.11 年)
C:M4.8(1991.41)	2.4, 1.3	2.0, 2.7	1991.42(地震后 0.01 年)
D:M4.4(1992.56)	2.0, 2.3	3.1, 3.4	1992.67(地震后 0.11 年)
E:M4.6(1993.09)	3.8, 3.7	4.0, 2.6	1993.17(地震后 0.08 年)
F:M4.0(1993.88)	3.1, 1.7	4.0, 2.6	1994.00(地震后 0.12 年)
G:M5.0(1995.76)	3.7, 4.0	2.6, 2.6	地震发生在两个测量时段之间
H:M4.4(1996.96)	2.4, 2.6	2.4, 2.6	1997.00(地震后 0.04 年)
I:M6.3(1998.03)	4.2, 2.3	2.0, 1.9	1998.00(地震前 0.03 年)

对那些在信噪比分析时没有达到要求的重力场变化结果(如与地震 B 有关的两个重力场变化结果),可以通过 7.5 节对重力场变化过程研究的方法继续进行考察。

7.5　其他 8 次地震前后重力场变化的过程

为了更好地考察与地震发生有关的重力场变化结果的真实性和可信性,对其他 8 次地震重力场的变化过程也进行了研究,得到的结果依次如图 7.5.1~图 7.5.8 所示。这些图的内容与图 7.3.3 基本一致,只是增加了图(e),即重力场或重力场变化的截面曲线图。它可能是该观测时刻重力场截面曲线对地震前后重力场截面曲线的平均值(图(b))而言的差值图;也可能是地震前或地震后重力场变化测量结果的截面曲线图。如果是前者,标出的将是该截面曲线的观测时刻;如果是后者,则标出其相应的时间段。这样做的目的是使与地震发生有关的重力场变化分量更加醒目。

图 7.5.2 表示的在地震 B(M4.6;1990.56)发生前后长达 21 个月时间里连续 8 次的连续观测来看,地震 B 发生 0.11 年后观测得到的重力场截面曲线变化明显与众不同,含有重力场隆起的明确信号。也许因为它的观测迟后了,没有抓住最大的幅值,所以在信噪比的分析中受到了影响。

看来,通过地震前后重力场变化截面的变化来了解重力场变化结果的真实性和可信性,也是一种可用的方法。

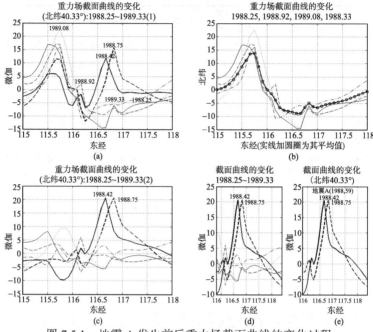

图 7.5.1   地震 A 发生前后重力场截面曲线的变化过程

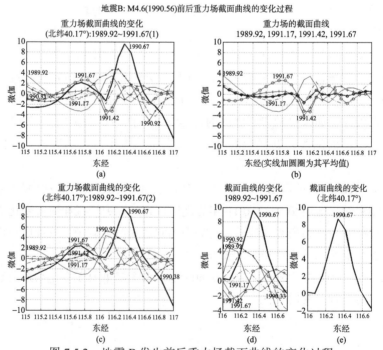

图 7.5.2   地震 B 发生前后重力场截面曲线的变化过程

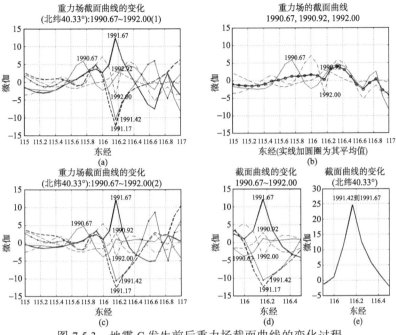

图 7.5.3　地震 C 发生前后重力场截面曲线的变化过程

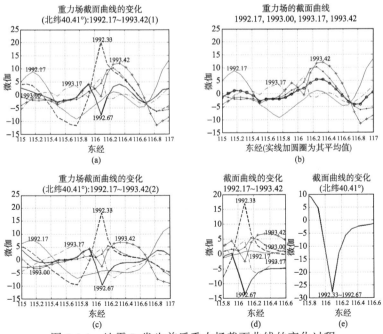

图 7.5.4　地震 D 发生前后重力场截面曲线的变化过程

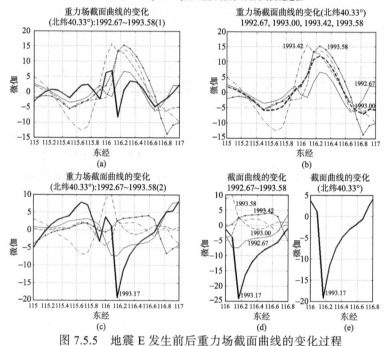

图 7.5.5　地震 E 发生前后重力场截面曲线的变化过程

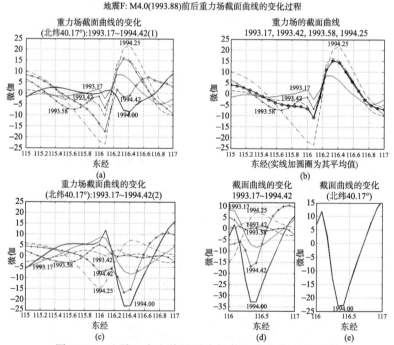

图 7.5.6　地震 F 发生前后重力场截面曲线的变化过程

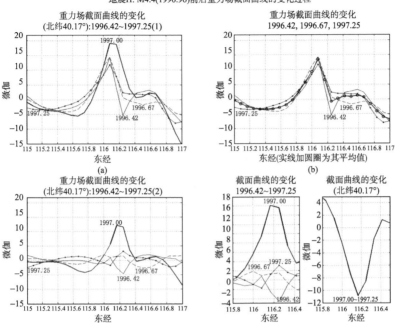

图 7.5.7　地震 H 发生前后重力场截面曲线的变化过程

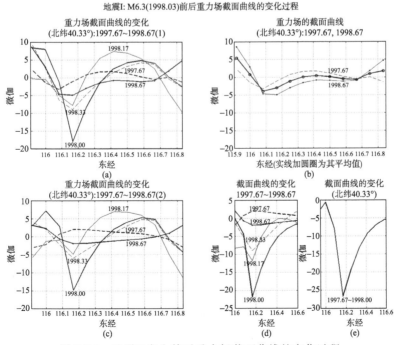

图 7.5.8　地震 I 发生前后重力场截面曲线的变化过程

通过图 7.5.1～图 7.5.8，不仅看到了地震前后重力场变化的具体过程，同时也体会到中国的京津唐张重力网是能够对重力场的变化进行测量的。如果测量的误差过大，是难以得到表现得如此清晰有序的重力场变化过程的。

7.6 京津唐张地区地震(M>4)前后重力场的变化(1987～1998 年)

本书开头已经指出，整个研究的基础是要找出真实的重力场变化，以后所有的分析和研究都是对这种重力场变化进行的。对京津唐张地区来说，在与 9 次地震发生有关的重力场变化中挑出了 9 条截面曲线(图 7.6.1～图 7.6.3)。它们是与各次地震发生有关的，并且是地震前后重力场变化截面曲线中更有代表性的一条。它们所对应的时间也都一一加以注明。

在 1987～1998 年这段时间里，京津唐张地区共发生了 9 次地震(M>4)。但是上述被发现与地震发生有关的重力场变化却都集中在一个相当小的范围内，东西、南北的跨度为 50km×40km (见图 7.6.4 中的方框)。

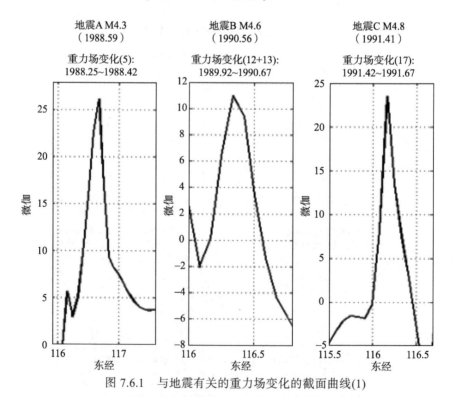

图 7.6.1　与地震有关的重力场变化的截面曲线(1)

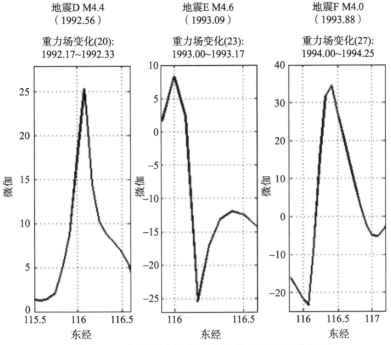

图 7.6.2　与地震有关的重力场变化的截面曲线(2)

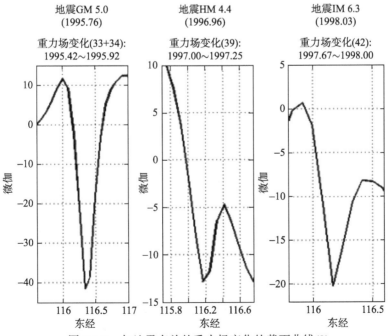

图 7.6.3　与地震有关的重力场变化的截面曲线(3)

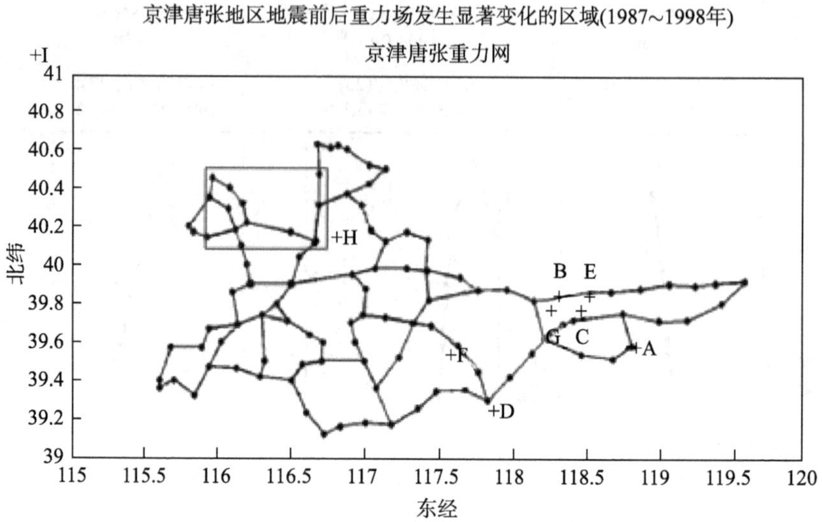

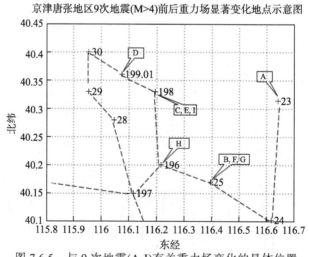

京津唐张地区地震前后重力场发生显著变化的区域(1987~1998年)

图 7.6.4   与 9 次地震发生有关的重力场变化的所在区域(图中小方框)

图 7.6.5 则表示了与各次地震(A-I)有关重力场变化的具体位置。从图中看，这些重力场变化的中心点都与重力网的点位重合。当二者真正重合时才是对的，在其他情况下这只是一种近似。当网点的密度不够时，描绘出来的重力场变化会把离中心点最近那个网点取为变化的最高点(见第五章)。

图 7.6.5   与 9 次地震(A-I)有关重力场变化的具体位置

经过 7.5 节、7.6 节的论证，这些重力场变化结果的真实性和可信性可以被确认。但是，作为一种测量的结果，误差的影响总是存在。第六章讨论过的重力网误差积累曲线(误差曲线)，它对重力场变化结果(信号曲线)可能产生的影响在上述结果中也表现得很明显(图 7.6.2 中地震 E 和图 7.6.3 中地震 H)。因此测量结果的质量是不一致的(好的、差一些的、差的)，带有随机性。这不仅与测量误差的影响有关，还与测量信号本身有关。前者如网点的密度、点位的配置与测量图形的强度等，后者如重力场变化本身(信号)的尺度，都在实际影响着每一个测量的结果。

对京津唐张地区来说，首要的一点要论证这个地区在地震前后存在，或不存在重力场的变化。要证明这个问题，有一个实际的事例就够了。但是这种证据必须确凿无疑。就科学论证来说，当然希望有第二种独立的技术(譬如天文技术)能够给出同样的证据。但是，在还没有做到这点之前，能有尽可能多的同类证据还是重要的，尽管质量参差不齐。证据越多，说服力就越强。

根据上述古冶地震和其他 8 次地震有关的证据，尽管质量不完全一样，可以认为京津唐张地区地震的前后，重力场的确有变化的现象。

9 次地震震中的位置相差甚远(图 7.1.1)，但是与这些地震的发生有关的重力场变化却集中在一个相对狭小的范围内(图 7.6.4)。这个特殊的地方对地区地震的发生和地下质量的迁移(见第八章)特别敏感，如何理解？这个发现在学术上有何意义？在第九章中还将看到，远在南方的云南也有同样的现象。这不应该是一种偶然的巧合，而是有其内容的，尽管目前还不能完全理解。这需要其他学科的共同努力(如地质学)。这个现象如果最终能被确认，对今后重力网的布设，更好地发挥重力地震在地震预测预报工作中的作用，都有其重要的作用。这是一个有趣的现象，值得研究。

7.7　局部重力场重力的变化强度问题

迄今为止，对局部重力场变化的研究往往是根据重力网给出的测量结果进行的。按提供的数据通过描绘重力等值线图的方法，给出一个局部重力场在某个时间段里变化的信息。图 7.7.1 就是一个具体的例子，表示了古冶地震(M5，1995.76)发生前后观测到的两个重力场变化结果，对应的时间段分别是地震发生(1995.76)之前的一段时间(1994.67～1995.00，4 个月) 和地震发生前后的一段时间(1995.67～1995.92，3 个月)。显然，在后一段时间里重力场发生的变化要强烈得多。这个差别当用截面曲线图表示时会更为直观和醒目(图 7.7.1(c)、(d))。

为准确反映这种变化的差别，还须把上图的重力变化转化为重力的变化率，即同样时间里重力的变化。现取 0.5 年为统一的时间尺度，将图 7.7.1 中的重力变化(时间跨度分别为 0.33 年和 0.25 年)分别乘上相应的放大系数(0.5/0.33 和 0.5/0.25)，得到图 7.7.2 所示的重力变化(单位：微伽/0.5 年)。

图 7.7.2 把两个不同时间段里重力场重力的变化表现得更为准确，它们之间的差别也更为明显。图 7.7.2(d)重力场中一点最大的重力变化率是图 7.7.2(c)的 4 倍以上，说明在地震发生时重力场重力的变化在显著变快。但是它现在所表示的只是在

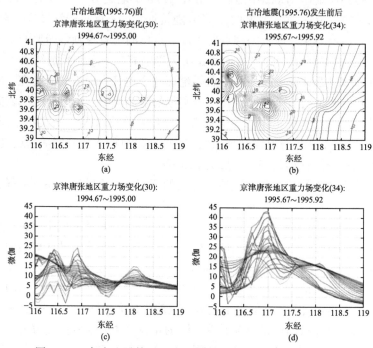

图 7.7.1　古冶地震前后两个不同时间段里的重力场变化(1)

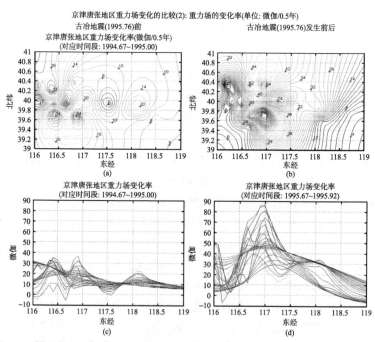

图 7.7.2　古冶地震前后两个不同时间段里的重力场变化(2)

那 3 个月的时间里(1995.67~1995.92)重力变化率的平均值,还没有能够反映出这一段时间里不同时刻的重力变化率,特别是在地震发生的一瞬间(1995.76)重力的变化率。可以设想,那时的重力变化率还要大得多,远超现在表现出来的 4 倍。在地震孕育发生的过程中重力场重力的变化率如此大幅度的变化,说明它与地震的发生之间一定存在着某种关系。

　　要研究这个关系,首先要解决的一个问题是用什么来表示一个地区重力场重力变化的强烈程度? 重力场中一点重力的变化率可以作为该点重力变化强度的代表;那么对一个地区来说,又如何来表示整个地区重力变化的强烈程度呢? 从理论上讲可能存在多种多样的选择,不同的假设,不同的模式和参数。现在用一个最简单的参数来代表它,称之为一个地区“重力场重力的变化强度”(或简称为“重力变化强度”)。图 7.7.3 和图 7.7.4 解释了这个强度指数是如何通过计算得来的。

　　首先对图 7.7.1 中的重力场变化结果进行平面拟合,得到其拟合平面(图 7.7.3 和图 7.7.4(b),重力等值线的单位为微伽)。这个平面可能源自地下深处大范围质量的迁移,也可能还包含有重力网内误差积累中的平面成分。可以将这个平面分量扣除,也可以不将它扣除。现将扣除了拟合平面以后的重力场变化表示在图 7.7.4(c)中。接着将它线性化,将纬差 5 分的 25 条东西向截面曲线连起来成为一个序列(图 7.7.3 和图 7.7.4(d))。对这两个序列进行计算求它们的均方差值,分别为 3.60 微伽/(0.33 年) 和 8.36 微伽/(0.25 年)。 也可以将它们表示成 5.40 微伽/(0.5 年)和 16.72 微伽/(0.5 年),即各自重力变化强度的指数。它们之间相差 3.1 倍。

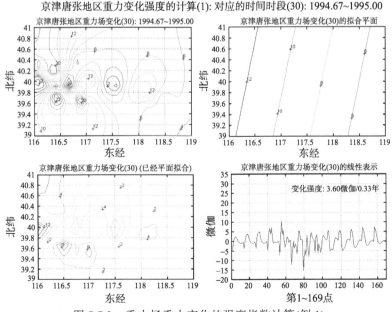

图 7.7.3　重力场重力变化的强度指数计算(例 1)

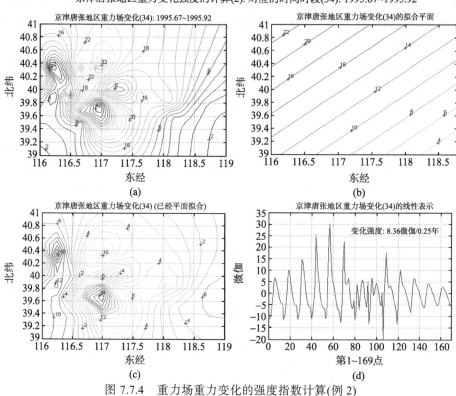

图 7.7.4　重力场重力变化的强度指数计算(例 2)

　　用上述方法求得的重力变化强度,是否是一个有用的科学参数呢? 这是一个有待实践来回答的问题。后面的讨论将证明,这样定义的数学参数(重力变化强度)是有其物理含义的,实用上是方便的,也是有效的。

7.8　京津唐张地区重力场重力变化的强度(1987～1998 年)

　　根据图 7.2.2 中重力场的变化结果依次计算重力场重力变化的强度。计算数据的取样范围见图 7.8.1 中的方框,该范围内网点的密度较大且分布均匀。

　　前节讨论时曾对"拟合平面"提出过两种不同的处理方案: 扣除或者不扣除。试验表明,不予扣除的方案似能把重力变化强度与地震间的相关关系表现得更为明确和肯定(图 7.8.2)。因此决定采用不扣除拟合平面的计算方案。

　　按照不扣除的方案计算得到的结果表示在表 7.8.1 和图 7.8.3 中。应该注意的是,表中各重力变化强度指数对应的时间间隔并不一致,它在 0.17～0.34 年之间变化(见表 7.8.2)。因此,图 7.8.3 是示意性的。即使这样,还是可以看到它们与地震(A-I)

发生之间的关联性，即地震发生的时刻与重力变化强度指数达到极值的时间相符。

要进一步研究二者间的关系，就得采用同样的时间单位。取 0.5 年为计量重力变化强度的统一时间间隔，对间隔不一致的进行换算(转换系数见表 7.8.2)，把单位统一为(微伽/0.5 年)，得到表 7.8.3 和图 7.8.4 所示的结果。

与图 7.8.3 相比，图 7.8.4 更清楚明确地表示了京津唐张地区重力变化强度与地震发生之间的关联。每当地震发生时，重力变化的强度达到其极值。在 7.9 节中将对这种对应关系作更为详细的分析。

重力场数据取样范围: 东经116°~117°; 北纬39.5°~40.5°

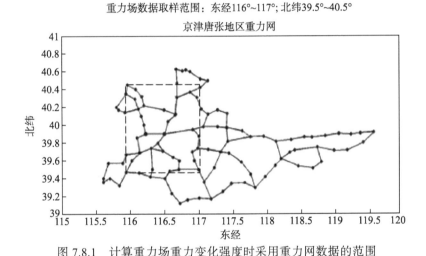

图 7.8.1　计算重力场重力变化强度时采用重力网数据的范围

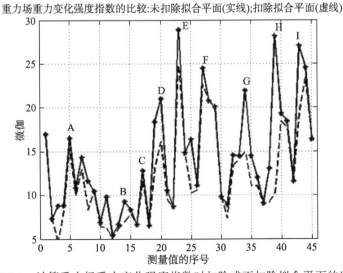

图 7.8.2　计算重力场重力变化强度指数时扣除或不扣除拟合平面的比较

表 7.8.1   京津唐张地区重力场重力的变化强度(1)
单位：微伽(对应于各自不同的时间段)

序号	1	2	3	4	5	6	7	8	9	10
0+	5.66	4.88	2.93	5.87	5.50	7.18	4.76	3.88	5.22	3.42
10+	6.53	4.44	4.41	4.62	4.18	3.31	6.39	4.34	6.12	6.99
20+	6.99	5.77	9.63	7.40	5.45	9.10	12.25	6.92	10.04	6.51
30+	2.92	7.28	7.23	10.96	9.62	4.00	4.52	8.68	14.05	6.42
40+	9.22	7.71	9.01	8.18	10.90					

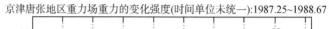

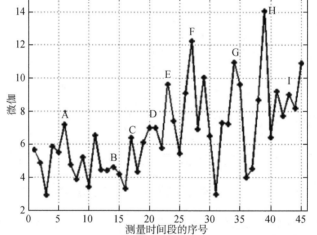

图 7.8.3   计算得到的重力场重力变化的强度指数：1～45 (时间单位未统一)

表 7.8.2   测量时间段的间隔和采用的换算系数：1～45
(各小格中第一行为时间间隔(年)；第二行为换算系数(标准时间间隔是 0.5 年))

序号	1	2	3	4	5	6	7	8	9	10
0+	0.17 3.00	0.33 1.50	0.17 3.00	0.33 1.50	0.17 3.00	0.33 1.50	0.17 3.00	0.16 3.00	0.25 2.00	0.25 2.00
10+	0.34 1.50	0.41 1.22	0.34 1.50	0.25 2.00	0.25 2.00	0.25 2.00	0.25 2.00	0.33 1.50	0.17 3.00	0.16 3.00
20+	0.34 1.50	0.33 1.50	0.17 3.00	0.25 2.00	0.16 3.00	0.42 1.22	0.25 2.00	0.17 3.00	0.25 2.00	0.33 1.50
30+	0.17 3.00	0.25 2.00	0.25 2.00	0.25 2.00	0.33 1.50	0.17 3.00	0.25 2.00	0.33 1.50	0.25 2.00	0.17 3.00
40+	0.25 2.00	0.33 1.50	0.17 3.00	0.16 3.00	0.34 1.50					

表 7.8.3　京津唐张地区重力场重力的变化强度(2)

(单位：微伽/0.5 年)

序号	1	2	3	4	5	6	7	8	9	10
0+	16.98	7.33	8.79	8.81	16.50	10.48	14.28	11.64	10.44	6.84
10+	9.79	5.42	6.62	9.25	8.36	6.63	12.78	6.50	18.34	20.98
20+	10.49	8.66	28.90	14.80	16.34	11.10	24.49	20.76	20.08	8.77
30+	8.95	14.57	14.47	21.91	14.43	11.99	9.03	13.01	28.10	19.27
40+	18.43	11.57	27.02	24.54	16.35					

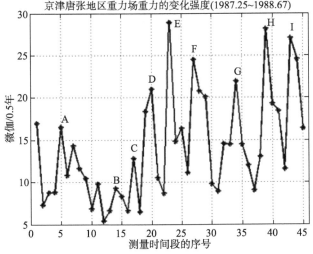

图 7.8.4　京津唐张地区重力场重力变化的强度与地震(1987.25～1998.67)

7.9　京津唐张地区重力场重力变化强度与地震
(1987～1998 年)

在 7.7 节中提出了地震发生与重力场重力变化强度二者之间的关系问题。现在以图 7.9.1 对二者之间的关系做进一步的具体分析。

图 7.9.1 在表格中给出了地震(第一行)，地震发生时刻(第二行)，重力场重力变化强度达到极大值所在时间段的序号及其所对应的时间(第三行)。第四行是二者之间符合程度的描述："0"为地震发生时刻正好落在该时间段之中；"+"为在时间段之后，"-"为在时间段之前，单位为年。

在 9 次地震中，3 次(地震 E, G, I)为"0"；2 次(地震 C, H)可以认为也达到了这个要求；另外的 4 次则没有完全达到这个要求，其中 B、F 发生在有关时间段之前(-0.11 和-0.12 年)，A、D 则在有关的时间段之后(+0.17 和+0.23 年)。

考虑到京津唐张重力网的实际情况，这种不完全符合情况的出现是可以理解的。首先是"时间段"本身的准确度。一期野外重力观测，100多个网点需要很多天才能完成一轮观测，但是用的是一个观测的平均时刻来作为全期所有观测的统一时间。因此表中的"时间段"是一个粗略的值。地震的"发生时刻"落在这个"时间段"之外不是一个小概率的事件。

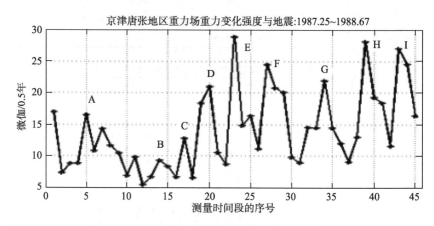

地震	A	B	C	D	E	F	G	H	I
地震发生时刻	1988.59	1990.56	1991.41	1992.56	1993.09	1993.88	1995.76	1996.96	1998.03
重力场变化强度达到极值的时间段	(5) 1988.25 1988.42	(14) 1990.67 1990.92	(17) 1991.42 1991.57	(20) 1992.17 1992.33	(23) 1993.00 1993.17	(27) 1994.00 1994.25	(34) 1995.67 1995.92	(39) 1997.00 1997.25	(43) 1988.00 1988.17
二者的符合程度	+0.17	−0.11	−0.01	+0.23	0	−0.12	0	−0.04	0

图 7.9.1   京津唐张地区重力场重力变化强度与地震(A-I)的对照

另外，表 7.8.3 中的重力变化强度指数也是有误差的，加上换算时用的"换算系数"是人为的一种设定(表 7.8.2)，很可能放大了这个误差的影响。现以表 7.9.1 里的有关数据来说明这种可能性。

表7.9.1列举了有关地震 A 和地震 D 两个重力变化强度指数的来源和演算过程。从其中有关地震 A 的第二、三两栏的数据可以看出，在没有乘上换算系数之前，就变化强度(1)来说，第 6 时间段(7.18 微伽)比第 5 时间段(5.50 微伽)要大，是一个极值，与地震 A 发生的时刻是相符的。对地震 D 来说，情况也是如此，在第 20、21 两个时间段的强度指数相同，都是极值。当然，作为正式的结果还是要用表中"变化强度(2)"的数据。但是在看到了这些数据的具体来源以后，出现图 7.9.1 中二者之间没有全部相符的情况就容易理解了。主要是由于这些是测量得到的数值，误差

的影响永远存在。

表 7.9.1　与地震 A、D 有关重力变化强度数据的来源及分析

测量时间段序号	5	6	20	21	数据参照来源
测量时间段的时间	1988.25~1988.42	1988.75~1992.33	1992.17~1992.33	1992.33~1992.67	图 7.2.2
计算的重力场变化强度(1)	5.50 微伽/(0.17 年)	7.18 微伽/(0.33 年)	6.99 微伽/(0.16 年)	6.99 微伽/(0.34 年)	表 7.8.1
换算系数	3.00	1.50	3.00	1.50	表 7.8.2
计算的重力场变化强度(2)	16.50 微伽/(0.50 年)	10.78 微伽/(0.17 年)	20.98 微伽/(0.17 年)	10.49 微伽/(0.17 年)	表 7.8.3
地震(发生时刻)		A(1988.59)		D(1992.56)	表 7.1.1

　　第八章中将对重力变化强度结果和地下扰动体的各个参数进行直接比较。通过比较，前者的可信性将得到进一步证实。对表 7.9.1 中可能存在的误差影响也就可以更好地理解。

　　顺便应该指出，滇西地区重力场重力变化强度与地震发生时刻相符合的程度比图 7.9.1 所示的情况要好(图 9.9.2)。大概是滇西重力网的结构更好，能够得到更加准确的重力变化强度的缘故。

第八章　京津唐张地区地震前后地下质量的迁移

在第七章中，发现了京津唐张地区存在着与地震发生有关的重力场变化。经过检验(第7.4、7.5节)，它们的真实性是可信的。它们的几何形态与地下质量迁移引起的变化相似(第8.1节)，因此按前述方法(第三章)对它们(共18个)计算了与其有关地下扰动体的各项参数。对其他的重力场变化的结果(共27个)也进行了类似的计算，共得到45个地下扰动体的计算结果。对后面27个重力场变化结果的真实性虽然没有经过如同前面18个那样严格的检验，但是它们的可信性还是可以从本章后面对相应结果的分析中得到证明。

其实，对这总共45个重力场变化结果的可信性，可以通过由它们得到的地下扰动体三个参数之间的和谐一致，和地区重力变化强度之间良好的对应，和地震发生的关联，来判断。测量误差虽然存在，但是并没有对它们造成严重的影响。

8.1　京津唐张地区地震前后的重力场变化与地下质量迁移

首先，对京津唐张地区发现的重力场变化与第三章中所讨论的那种变化进行比较，以确认一种可能性，即它们源自地下质量的迁移。图8.1.1~图8.1.3展示了二者之间在形态上的比较。图中实线是有关重力场变化东西向截面的实测曲线，虚线是可能存在着的地下质量迁移的理论计算曲线(地下扰动体的参数见8.2节)。

实测曲线和理论曲线之间十分接近，特别是信号曲线的上面部分(对信号的尖端而言)，受重力网误差的影响要小(第六章)。这种相似性是它们可能来自地下质量迁移的一个证据。

同时可以看出，相对重力网中误差的积累确实可能对信号底部造成明显的影响(第六章)。但是，它对地下扰动体参数的计算并没有产生严重的影响(第二、三、六章)。

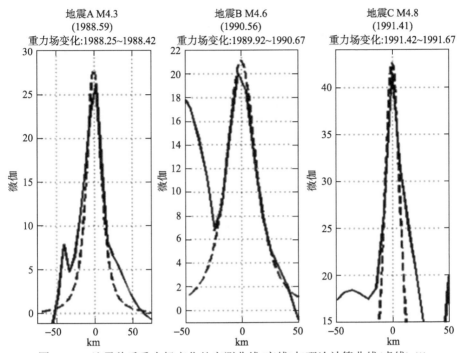

图 8.1.1　地震前后重力场变化的实测曲线(实线)与理论计算曲线(虚线) (1)

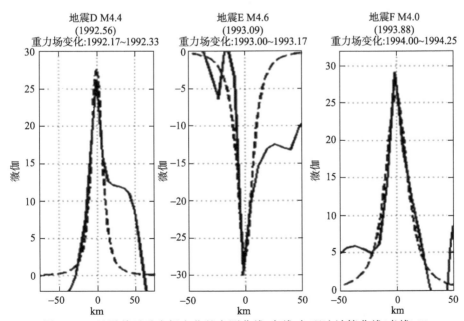

图 8.1.2　地震前后重力场变化的实测曲线(实线)与理论计算曲线(虚线)(2)

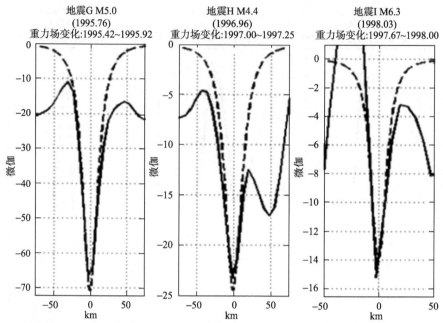

图 8.1.3　地震前后重力场变化的实测曲线(实线)与理论计算曲线(虚线)(3)

8.2　京津唐张地区地下扰动体的地理位置、
深度和质量(1～45)

　　根据前述的方法(第三章)对京津唐张地区的重力场变化结果分别进行计算，得到了 45 份结果，它们依次表示在图 8.2.1 中。在每一张图中，都分别表示了地下扰动体(点源)的地理位置(上左)，重力场变化东西向截面曲线及其差分(上右)，测量得到的扰动体深度(下左)，计算得到的扰动体质量(下右)。

重力场变化(1:1987.25～1987.42):地下扰动体质心的地理位置、深度和质量

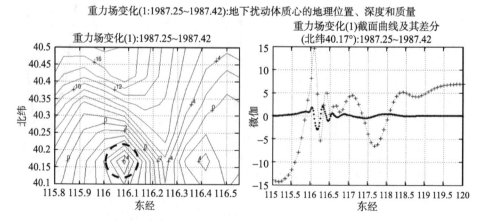

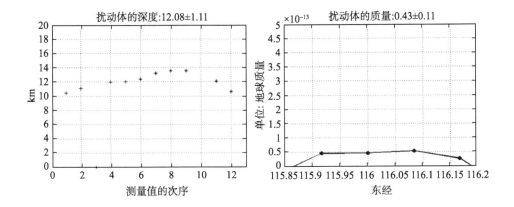

重力场变化(2:1987.42~1987.75):地下扰动体质心的地理位置、深度和质量

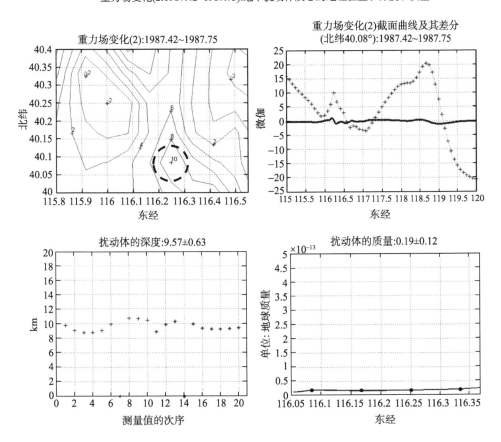

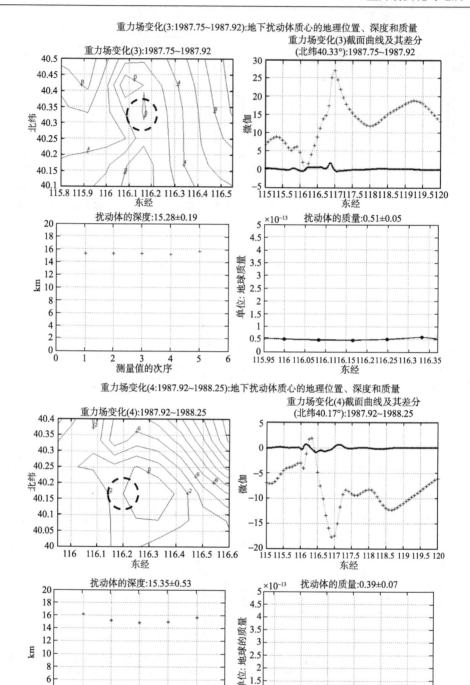

重力场变化(3:1987.75~1987.92):地下扰动体质心的地理位置、深度和质量

重力场变化(4:1987.92~1988.25):地下扰动体质心的地理位置、深度和质量

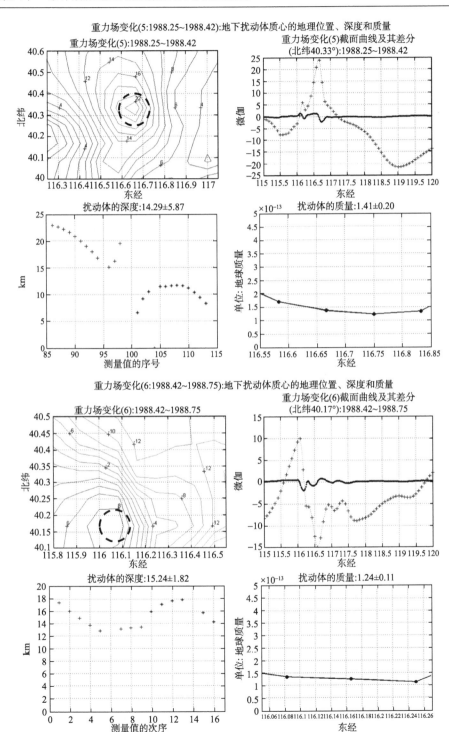

重力场变化(5:1988.25~1988.42):地下扰动体质心的地理位置、深度和质量

重力场变化(5):1988.25~1988.42

重力场变化(5)截面曲线及其差分
(北纬40.33°):1988.25~1988.42

扰动体的深度:14.29±5.87

扰动体的质量:1.41±0.20

重力场变化(6:1988.42~1988.75):地下扰动体质心的地理位置、深度和质量

重力场变化(6):1988.42~1988.75

重力场变化(6)截面曲线及其差分
(北纬40.17°):1988.42~1988.75

扰动体的深度:15.24±1.82

扰动体的质量:1.24±0.11

重力场变化(7:1988.75~1988.92):地下扰动体质心的地理位置、深度和质量

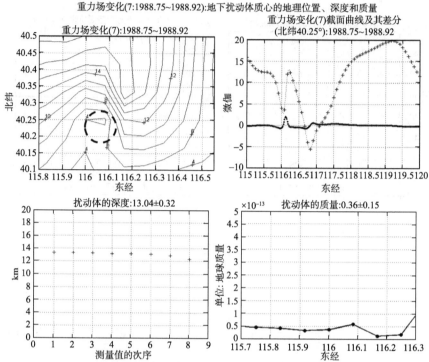

扰动体的深度:13.04±0.32

扰动体的质量:0.36±0.15

重力场变化(8:1988.92~1989.08):地下扰动体质心的地理位置、深度和质量

扰动体的深度:10.72±0.69

扰动体的质量:0.34±0.02

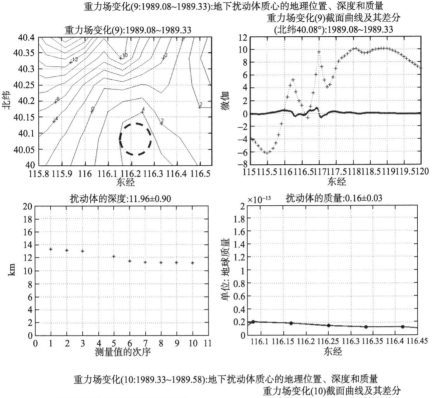

重力场变化(9:1989.08~1989.33):地下扰动体质心的地理位置、深度和质量

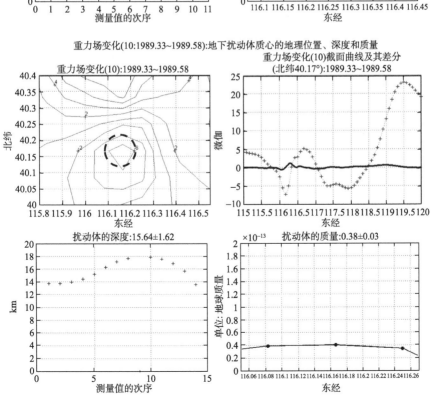

重力场变化(10:1989.33~1989.58):地下扰动体质心的地理位置、深度和质量

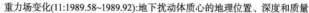

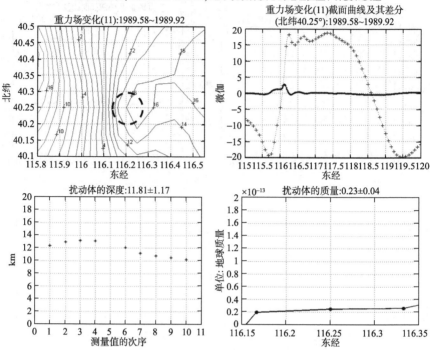

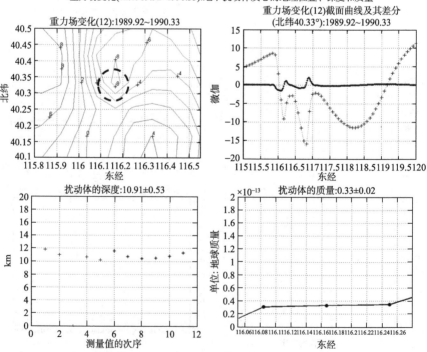

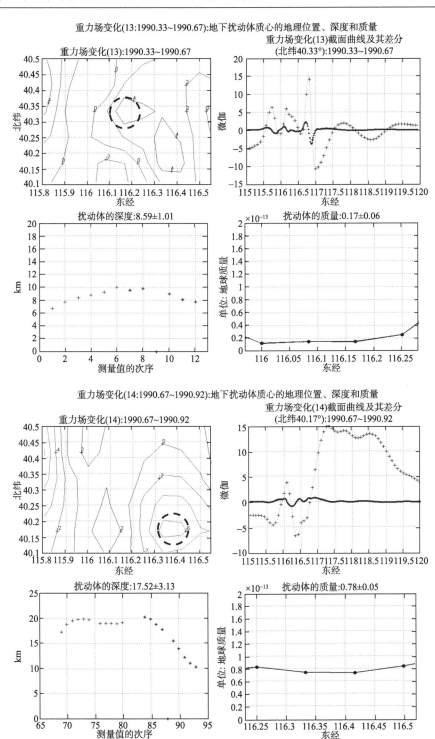

重力场变化(15:1990.92~1991.17):地下扰动体质心的地理位置、深度和质量

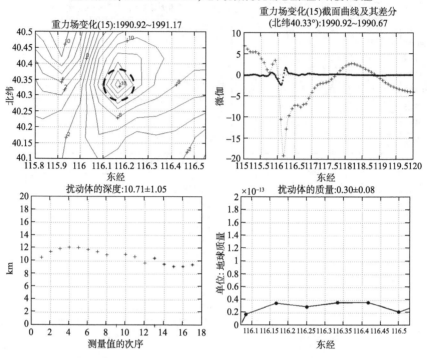

重力场变化(16:1991.17~1991.42):地下扰动体质心的地理位置、深度和质量

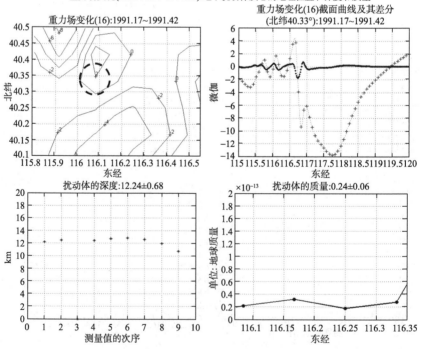

重力场变化(17:1991.42~1991.67):地下扰动体质心的地理位置、深度和质量

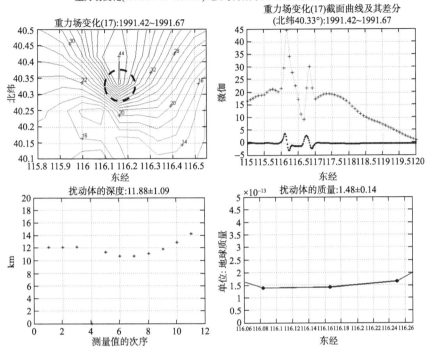

重力场变化(18:1991.67~1992.00):地下扰动体质心的地理位置、深度和质量

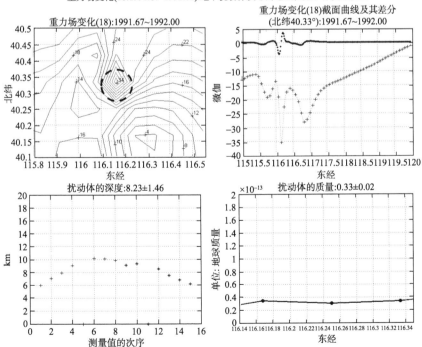

重力场变化(19:1992.00~1992.17):地下扰动体质心的地理位置、深度和质量

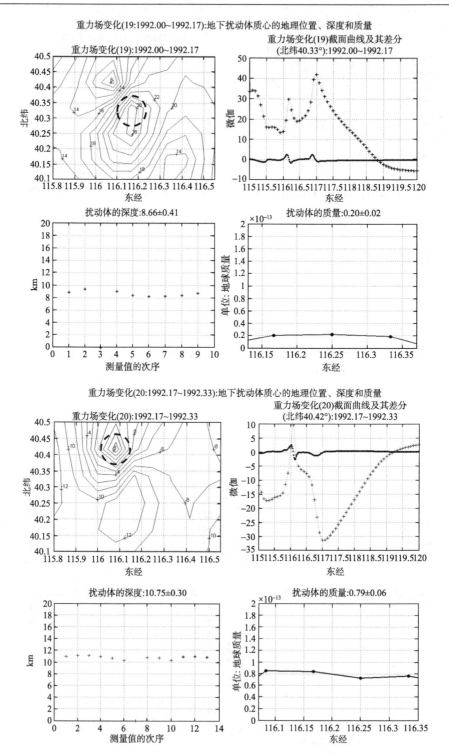

重力场变化(21:1992.33~1992.67):地下扰动体质心的地理位置、深度和质量

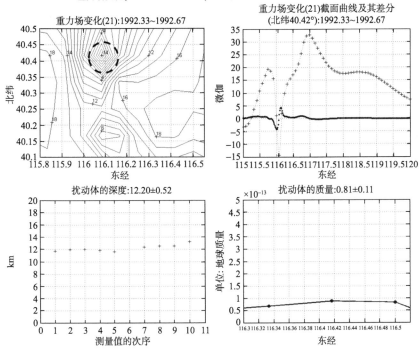

重力场变化(22:1992.67~1993.00):地下扰动体质心的地理位置、深度和质量

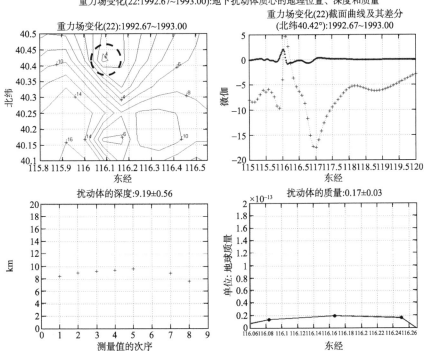

重力场变化(23:1993.00~1993.17):地下扰动体质心的地理位置、深度和质量

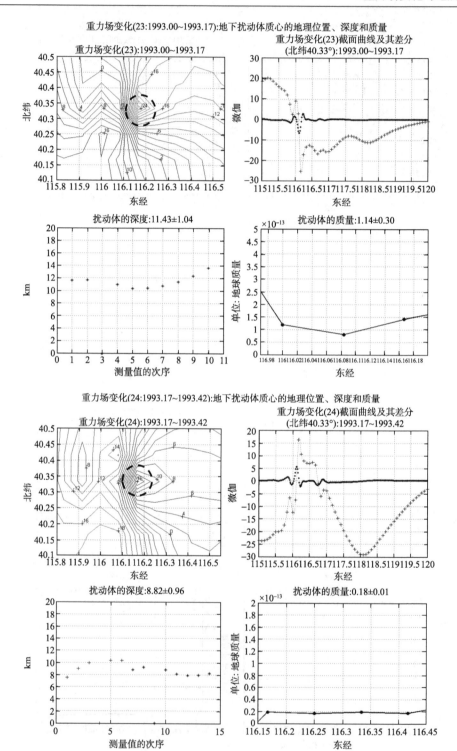

重力场变化(23):1993.00~1993.17

重力场变化(23)截面曲线及其差分
(北纬40.33°):1993.00~1993.17

扰动体的深度:11.43±1.04

扰动体的质量:1.14±0.30

重力场变化(24:1993.17~1993.42):地下扰动体质心的地理位置、深度和质量

重力场变化(24):1993.17~1993.42

重力场变化(24)截面曲线及其差分
(北纬40.33°):1993.17~1993.42

扰动体的深度:8.82±0.96

扰动体的质量:0.18±0.01

重力场变化(25:1993.42~1993.58):地下扰动体质心的地理位置、深度和质量

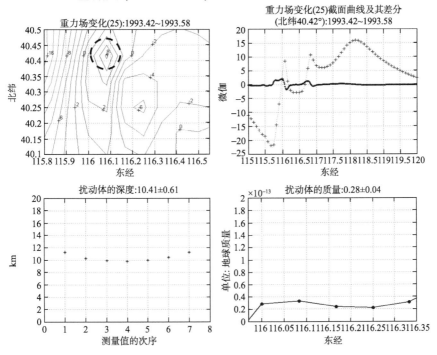

重力场变化(26:1993.58~1994.00):地下扰动体质心的地理位置、深度和质量

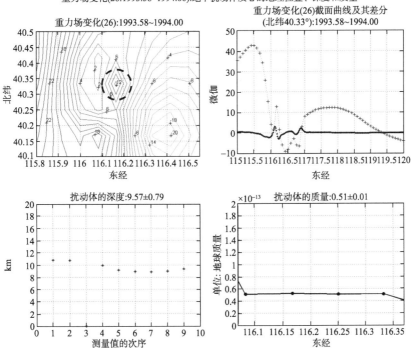

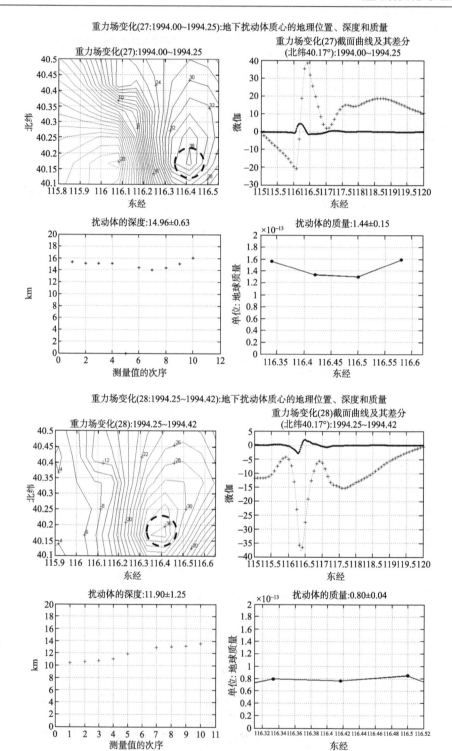

重力场变化(27:1994.00~1994.25):地下扰动体质心的地理位置、深度和质量

重力场变化(27):1994.00~1994.25

重力场变化(27)截面曲线及其差分
(北纬40.17°):1994.00~1994.25

扰动体的深度:14.96±0.63

扰动体的质量:1.44±0.15

重力场变化(28:1994.25~1994.42):地下扰动体质心的地理位置、深度和质量

重力场变化(28):1994.25~1994.42

重力场变化(28)截面曲线及其差分
(北纬40.17°):1994.25~1994.42

扰动体的深度:11.90±1.25

扰动体的质量:0.80±0.04

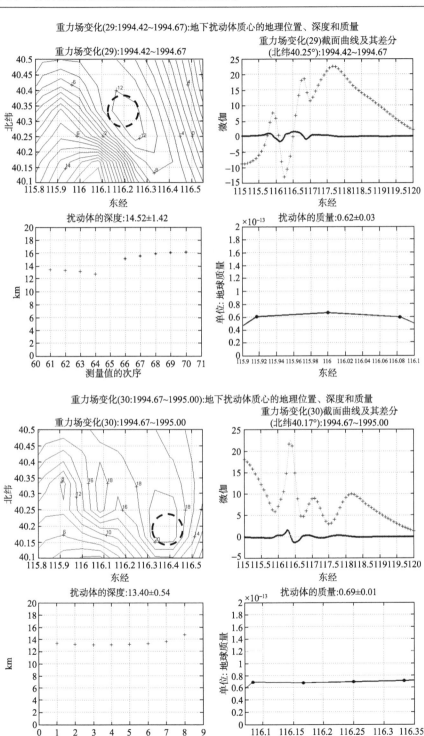

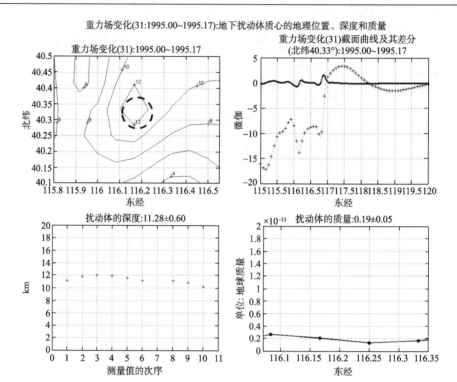

重力场变化(31:1995.00~1995.17):地下扰动体质心的地理位置、深度和质量

重力场变化(32:1995.17~1995.42):地下扰动体质心的地理位置、深度和质量

重力场变化(33:1995.42~1995.67):地下扰动体质心的地理位置、深度和质量

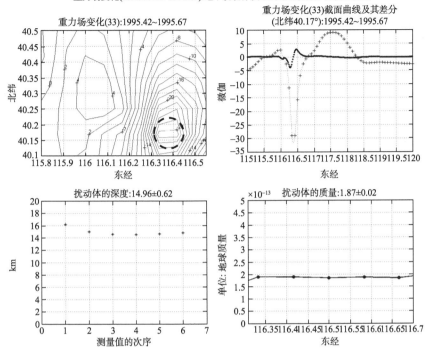

重力场变化(34:1995.67~1995.92):地下扰动体质心的地理位置、深度和质量

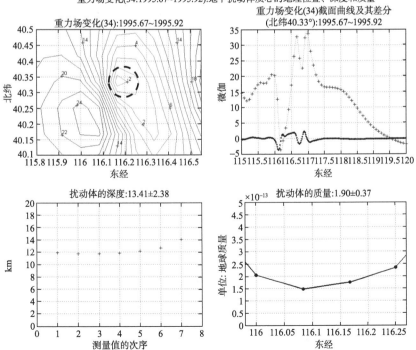

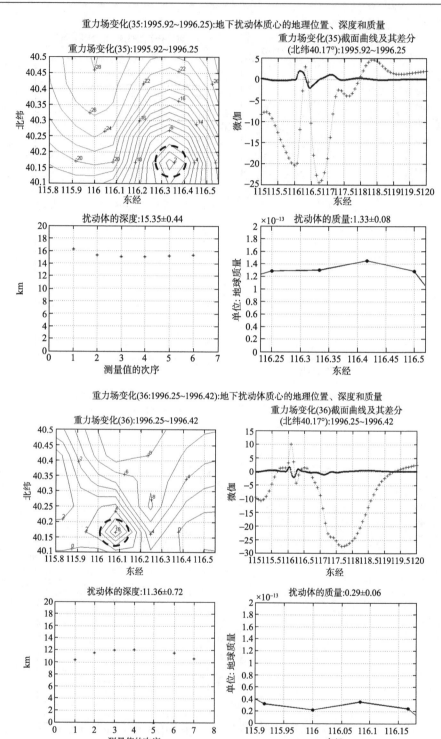

重力场变化(35:1995.92~1996.25):地下扰动体质心的地理位置、深度和质量

重力场变化(36:1996.25~1996.42):地下扰动体质心的地理位置、深度和质量

重力场变化(37:1996.42~1996.67):地下扰动体质心的地理位置、深度和质量

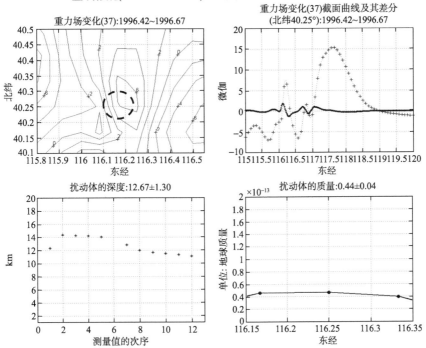

重力场变化(38:1996.67~1997.00):地下扰动体质心的地理位置、深度和质量

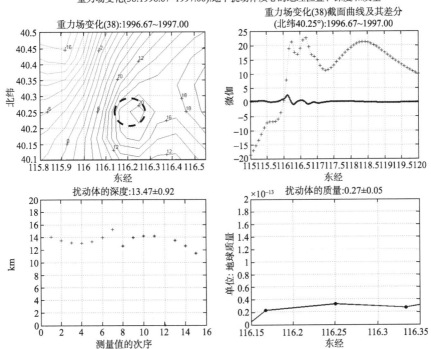

重力场变化(39:1997.00~1997.25):地下扰动体质心的地理位置、深度和质量

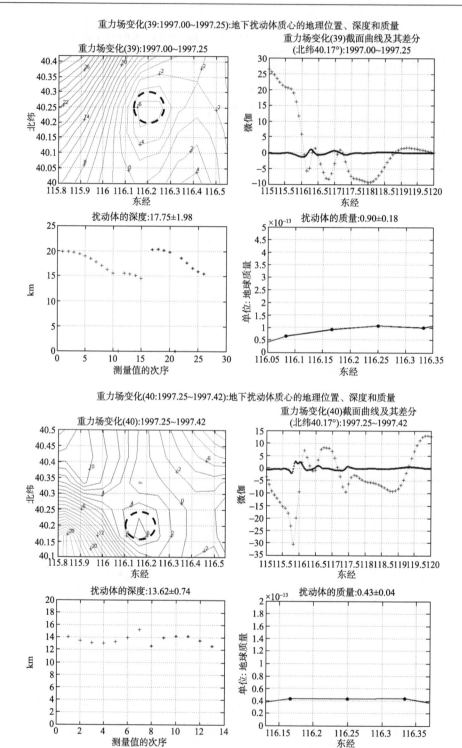

重力场变化(41:1997.42~1997.67):地下扰动体质心的地理位置、深度和质量

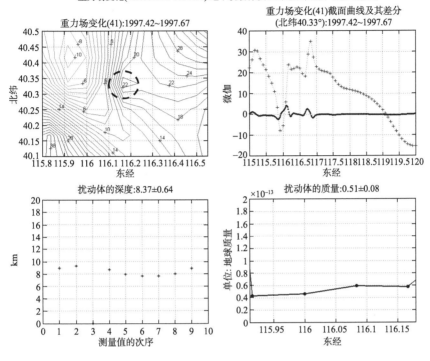

重力场变化(42:1997.67~1998.00):地下扰动体质心的地理位置、深度和质量

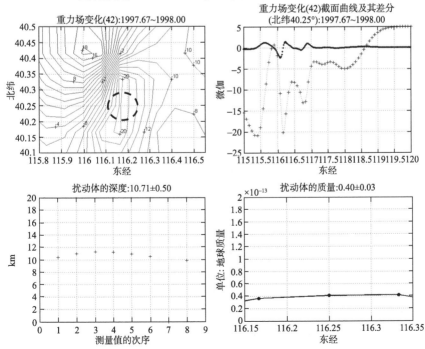

重力场变化(43:1998.00~1998.17):地下扰动体质心的地理位置、深度和质量

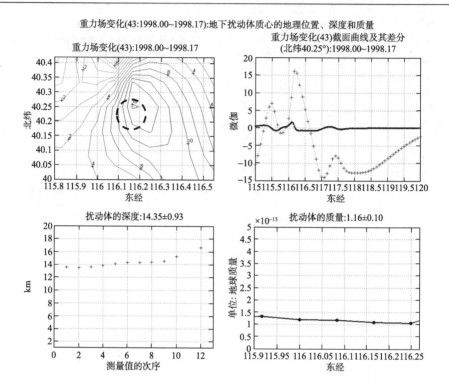

重力场变化(44:1998.17~1998.33):地下扰动体质心的地理位置、深度和质量

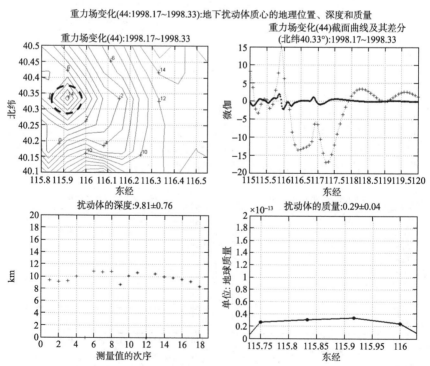

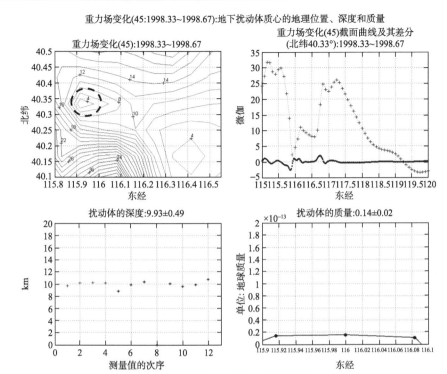

图 8.2.1　京津唐张地区的地下扰动体：1～45

为便于研究，将上述结果中的参数分别集中表示在表 8.2.1～表 8.2.3 中。

表 8.2.1　地下扰动体的地理位置：1～45　　　　　　　(东经和北纬；单位为度)

序号	1	2	3	4	5	6	7	8	9	10
0+	116.09	116.25	116.17	116.17	116.65	116.07	116.07	116.08	116.23	116.17
	40.17	40.08	40.33	40.17	40.33	40.17	40.25	40.17	40.08	40.17
10+	116.20	116.17	116.17	116.40	116.17	116.07	116.17	116.17	116.17	116.10
	40.25	40.33	40.33	40.17	40.33	40.33	40.33	40.33	40.33	40.42
20+	116.1	116.1	116.17	116.17	116.1	116.17	116.4	116.4	116.2	116.4
	40.42	40.42	40.33	40.33	40.42	40.33	40.17	40.17	40.33	40.17
30+	116.2	116.4	116.4	116.2	116.33	116.1	116.17	116.20	116.2	116.2
	40.33	40.17	40.17	40.33	40.17	40.17	40.25	40.25	40.25	40.2
40+	116.17	116.17	116.16	115.92	115.96					
	40.33	40.25	40.25	40.33	40.33					

表 8.2.2　地下扰动体的深度：1～45　　　　　　　(单位：km)

序号	1	2	3	4	5	6	7	8	9	10
0+	12.08	9.57	15.28	15.35	14.29	15.24	13.04	10.72	11.96	15.64
10+	11.81	10.91	8.59	17.52	10.71	12.24	11.88	8.23	8.66	10.75
20+	12.20	9.19	11.43	8.82	10.41	9.57	14.96	11.90	14.52	13.40
30+	11.28	12.38	14.96	13.41	15.35	11.36	12.67	13.47	17.35	13.62
40+	8.37	10.71	14.35	9.81	9.93					

表 8.2.3   地下扰动体的质量：1～45   (单位：地球质量的 10^{-13})

序号	1	2	3	4	5	6	7	8	9	10
0+	0.43	0.19	0.51	0.39	1.41	1.24	0.36	0.34	0.16	0.38
10+	0.23	0.33	0.17	0.78	0.30	0.24	1.48	0.33	0.20	0.79
20+	0.81	0.17	1.14	0.18	0.28	0.51	1.44	0.80	0.62	0.69
30+	0.19	1.01	1.87	1.90	1.33	0.29	0.44	0.27	0.90	0.43
40+	0.51	0.40	1.16	0.29	0.14					

8.3   京津唐张地区地下扰动体质心平面
位置的运动(1～45)

　　首先研究地下扰动体质心在地面上的平面位置，在这 12 年中是否固定不变？如果有变，那么这种变化与地震的发生是否有关？图 8.3.1 和图 8.3.2 表示地下扰动体地面平面位置在经差为 0.8°、纬差为 0.4°的相对有限的范围内不断地在运动。和京津唐张重力网网点位置对照以后，发现它们与重力网在这儿的网点，如 23、25、196、197 和 198 等，位置一致，或者基本一致(图 7.6.5)。

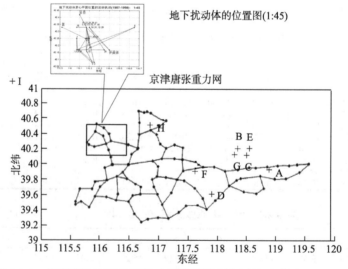

图 8.3.1   京津唐张地区地下扰动体地面平面位置的运动图(1)(1～45)
(几个重力网点的经纬度：23：116.65°，40.32°；25：116.40°，40.17°；
196：116.22°，40.20°；197：116.12°，40.15°；198：116.20°，40.33°)

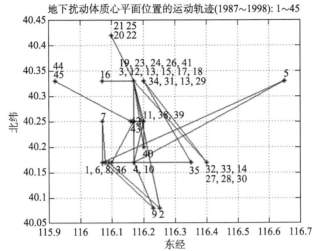

图 8.3.2　京津唐张地区地下扰动体地面平面位置的运动图(2)(1～45)

在这 12 年间，该地区发生了 9 次 M4 以上的地震，震中的位置各异，但是与它们相关的重力场变化(图 7.6.5)和由此推算出来的地下扰动体却始终在这个有限的范围内。这是一个十分有趣的现象(第 7.6 节)。

将图 8.3.2 进一步分解成 3 张图(图 8.3.3～图 8.3.5)以具体研究各次地震发生与地下扰动体质心平面位置移动的关系。

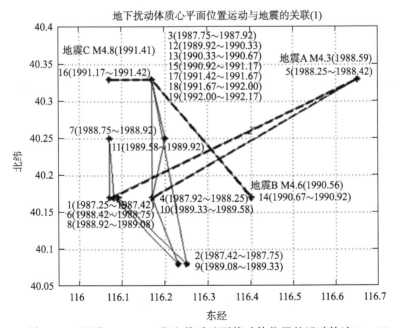

图 8.3.3　地震 A、B、C 发生前后地下扰动体位置的运动轨迹(1～19)

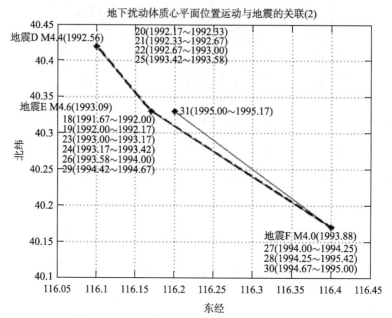

图 8.3.4   地震 D、E、F 发生前后地下扰动体位置的运动轨迹(18～31)

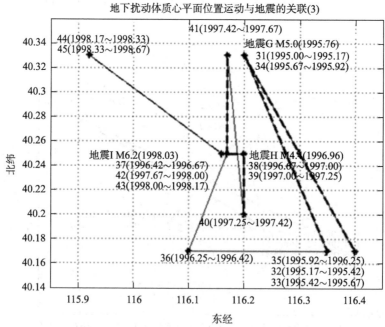

图 8.3.5   地震 G、H、I 发生前后地下扰动体位置的运动轨迹(31～45)

地震 G(M5.0,1995.76)发生前后扰动体质心位置的运动是一个典型的例子(图 8.3.5)。在地震之前的半年时间里(1995.17~1995.67),扰动体的位置维持不动(图 8.3.5 中 32 点和 33 点);地震发生时(1995.76)扰动体的位置向北偏西方向移动到 34 点(1995.67~1995.92);然后回到 35 点(1995.92~1996.25),离出发的 33 点仅 4km。地震前后扰动体质心一来一回的运动是清晰明确的,幅度达 26km,是可信的。这样有规则的运动是难以用误差来解释的。其他 8 次地震除地震 H 外,都存在这种现象,即地震前后扰动体质心一来一回的运动。

为便于对这种现象进行观察,将上述图中的数据综合表示在表 8.3.1 中。该表分别列出了地震(第 1 行);发生的时间(第 2 行);地震发生前后地下扰动体位置的变化和相对应的时间段(第 3 行),例如,所示地震 A 发生前的位置移动 4~5、(1987.92~1988.42),和地震后的 5~6、(1988.25~1988.75);最后一行(第 4 行)是移动的距离,以千米计。

表 8.3.1 京津唐张地区地下扰动体质心平面位置运动与地震(A~I)的关联

地震	A	B	C	D	E	F	G	H	I
地震发生时刻	1988.59	1990.56	1991.41	1992.56	1993.09	1993.88	1995.76	1996.96	1998.03
地震前后地下扰动体质心中面位置位的移动和对应的时间段	4-5: 1987.92 1988.42	13-14: 1990.33 1990.92	15-16: 1990.92 1991.42	19-21: 1992.00 1992.67	23-25: 1993.00 1993.58	26-27: 1993.58 1994.25	33-34: 1995.17 1995.92	37-38: 1996.42 1997.00	43-44: 1998.00 1998.33
	5-6 1988.25 1988.75	14-15 1990.67 1991.17	16-17 1991.17 1991.67	22-23 1992.67 1993.17	25-26 1993.42 1994.00	28-29 1994.25 1994.67	34-35 1995.67 1996.25	39-40 1997.00 1987.42	
点位移动的地面距离(km)	60 63	27 27	7 7	13 13	13 13	27 27	26 26	2 8	24

从表中数据看,地震前后扰动体位置的移动都是成对出现的,从某个点出发,然后回到原来的出发点。唯一的例外是地震 H,震前震后的移动量都很小,没有能够表示出这样一个往返的过程。对地震 I 而言,由于缺乏震后的观测而没有能给出一个完整的过程。

如此有规则的运动充分说明了地下扰动体质心的平面位置运动与地震的发生有关。地震发生前后,扰动体平面位置的运动是成对出现的,一来一回,幅度可达数十千米。

地下扰动体平面位置如此有规则的运动,和地震发生的如此关联,都在说明上述图 8.2.1 中所示地下扰动体参数的可信性。误差的影响是次要的。

8.4　京津唐张地区地下扰动体的深度(1～45)

作为地下扰动体的第二个参数，扰动体的深度是否也在变化，且其变化是否也与地震的发生有关？图 8.4.1 是地下扰动体的深度在 12 年里的变化情况及它与地震关系的示意图。

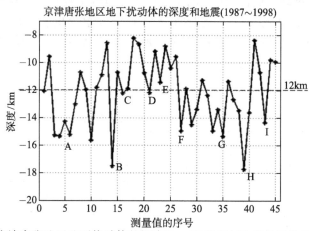

图 8.4.1　京津唐张地区地下扰动体的深度(1～45)和它与地震关系的示意图(A～I)

显然，它们之间有关。地震发生时，扰动体的深度一般在 12km 以上(与地震 E 有关的第 23 点，其深度为 11.43±1.04(km)。考虑到它的测量中误差，这样说还是可以的)。当然也有例外，即 3-4 点(15km),10 点(16km)，29 点(15km)和 33 点(15km)，在这四个时间段，扰动体深度都超过了 12km，但是没有发生地震。对比 8.5 节的图 8.5.1，可以对此做出解释，即上述前三个时段时，扰动体的质量都处于低水平。深度虽然达到要求，但扰动体的质量不够，因此地震没有发生；至于第四个时段，即 33 点，可以在第七章中的图 7.3.3 找到解释，它实际上是与地震 G 有关联的时间段中的一个组成部分。

根据上述这些结果可以得出结论，地下扰动体的深度与地震发生有关，地震发生时，扰动体深度往往在 12km 以上。

8.5　京津唐张地区地下扰动体的质量与质量的
变化率(1～45)

最后来讨论地下扰动体的质量(表 8.2.3)。图 8.5.1 是它的时间序列。可以看出，地震(A～I)发生在地下扰动体的质量达到极值的时间段。没有地震时，地下扰动体的质量明显要小，一般在 0.5 以下(以地球质量的 10^{-13} 为单位，以下同)。在全部 45 个质量数据中取较小的 28 个(62%)求其均方差，得 $m=\pm0.31$。这些数据中除了含有不可避免的测量误差以外，可能还含有扰动体本身质量的那个成分。对单纯计算测量中误差来说，m 值可能偏大。即使如此，还是以它的 2 倍或 3 倍作为一个标准(图 8.5.1)。与各次地震(A～I)相关联的扰动体质量都超过了这个标准。因此，这些扰动体质量的结果不是误差，是真实的质量迁移。当然，它们同时含有误差的影响。

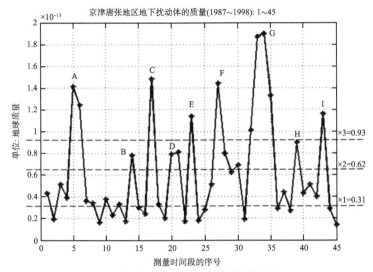

图 8.5.1　京津唐张地区地下扰动体的质量(1～45)

第 1～45 个质量结果各自对应时间段的长度并不一致，在 0.17～0.50 年间(图 7.1.2)。如果要用它们来研究问题，就该把它们转化成在同样的时间段(譬如 0.5 年)时相应的量，即地下扰动体质量的变化率。具体的做法与第七章中从重力场变化结果计算重力变化强度时一样(见 7.8 节)，用的是同样的一套转换系数(表 7.8.2)。得到的结果列在表 8.5.1 中，同时用图 8.5.2 来表示这些结果。显然，在和地震的关系上，图 8.5.2 比图 8.5.1 更加明确。

表 8.5.1　地下扰动体质量的变化率(以 0.5 年计)：1～45

(单位：地球质量的 10^{-13})

序号	1	2	3	4	5	6	7	8	9	10
0+	1.29	0.29	1.53	0.58	4.23	1.86	1.08	1.02	0.32	0.76
10+	0.34	0.40	0.25	1.56	0.60	0.48	2.96	0.50	0.60	2.37
20+	1.21	0.25	3.42	0.36	0.84	0.62	2.88	2.40	1.24	1.03
30+	0.57	2.02	3.74	3.80	2.00	0.87	0.88	0.40	1.80	1.29
40+	1.02	0.60	3.48	0.87	0.21					

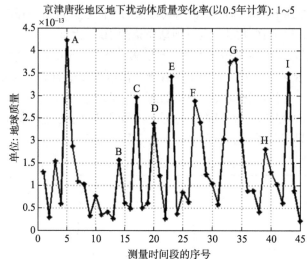

图 8.5.2　京津唐张地区地下扰动体质量的变化率(以 0.5 年计)(1～45)

因此，地下扰动体质量变化率达到极值的时间与地震发生的时刻是相符的。与图 8.3.2(扰动体的位置运动)和图 8.4.1(扰动体的深度)相比，质量变化率和地震之间的这种对应关系显得更加明确和显著。可被视为地下质量迁移率的一个代表，因此其本身具有物理上的意义。如图 8.5.2 所示，地震发生在地下质量迁移最为强烈的时候，这在逻辑上也是合理的。

不过，其他两个参数也都与地震的发生相关联，这个事实也是重要的。说明所用地下扰动体的模式是正确的，计算结果中误差的影响有限。否则，不会出现三个参数都和地震的发生相关联的现象。

在实际工作中，可以把 $1.5(10^{-13})/0.5$ 年(单位：地球的质量)作为京津唐张地区判断 M4 以上地震发生的一个标准，即地下扰动体的质量变化率超过这个标准时，京津唐张地区就可能会有 M4 以上的地震发生。

8.6　京津唐张地区地下扰动体质量的变化率、重力场重力的变化强度与地震

京津唐张地区地震的发生与地下扰动体的三个参数(扰动体(点源)的平面位置、深度和质量的变化率)都存在着关联。但是其中最值得注意的是扰动体质量的变化率，因为它对理解重力场变化与地震发生关系的机理有帮助。

从京津唐张地区 1987～1999 年将近 12 年的数据来看，地下扰动体的质量变化率(以地球质量的 10^{-13} 为单位)在 0.21/0.5 年(45：1998.33～1998.67)到 4.23/0.5 年(5：

1988.25～1988.42)之间变化，最大值是最小值的 20 倍。现在以地下扰动体质量变化率为地下质量迁移的一个代表性参数，来探讨本书另一个主要的议题，即重力场变化与地震发生关系的机理问题。

图 8.6.1 表示的是京津唐张地区地下扰动体质量的**变化率**(代表地下质量迁移率，图中实线)、重力场重力的变化强度(代表重力场的变化，图中虚线)和地震三者之间的关系。(图 7.9.1 中的表格**已经**对地震发生时刻与重力变化强度达到极值时间的比较做过分析。**该分析同时适用于地震与地下扰动体质量变化率的比较**)。

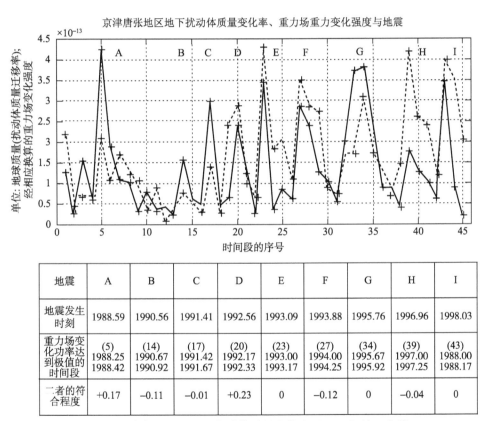

地震	A	B	C	D	E	F	G	H	I
地震发生时刻	1988.59	1990.56	1991.41	1992.56	1993.09	1993.88	1995.76	1996.96	1998.03
重力场变化功率达到极值的时间段	(5) 1988.25 1988.42	(14) 1990.67 1990.92	(17) 1991.42 1991.67	(20) 1992.17 1992.33	(23) 1993.00 1993.17	(27) 1994.00 1994.25	(34) 1995.67 1995.92	(39) 1997.00 1997.25	(43) 1988.00 1988.17
二者的符合程度	+0.17	−0.11	−0.01	+0.23	0	−0.12	0	−0.04	0

图 8.6.1　京津唐张地区地下扰动体质量变化率(以 0.5 年计，实线)、
重力场变化强度(虚线)和地震

地下质量迁移会引起地面重力场的变化，这个因果关系是确定无疑的。但是地震本身并不会直接引起地面重力场的变化。当然，地震前后发生的地面形变会使地面的重力值有所变化，但是它不是本书所讨论的那种重力场变化。

在地下质量迁移与地震二者之间只有两种可能：它们是相关联的和不相关联的。现在通过地下质量迁移的一个代表性参数(地下扰动体质量变化率)和地震发生的关系(图 8.6.1)，证明了地下质量迁移与地震的发生有关。因此，与地下质量迁移有关的重力场变化就表现为与地震的发生有关，尽管二者之间实际上并没有直接的联系。

用最简单的语言来说，重力场变化与地震关系的机理就在于地下质量迁移与地震发生之间的这种关联。

当然，要最终证明这一点，还有待更多的事实，多方面学科的共同努力。

第九章　滇西地区的重力场变化与云南的强震

在第七、八章中，以发现的事实证明了京津唐张地区存在着与地震发生相关联的重力场变化。据此对本书的主题，即重力场变化和地震发生的关系，提出了一些新的观点和结论。当然，这些工作都还是初步的，有待于该地区更多更好资料的出现和更深入的研究，进一步肯定或否定这些发现和研究结果。但是如果能同时找到另外一个地区进行类似的研究，也是一种很好的论证方式。当然，地区不同情况不同，得到的结果不同，甚至相反，这都是可能的。

实际上我国的云南也具备进行这种研究的条件。云南是一个地震多发区，并且也有一个很好的重力网。它的观测历史和测量精度，与京津唐张重力网是相当的。本章和第十章将根据这个重力网提供的资料，对云南地区重力场的变化及其与地震发生的关系做一次平行的研究。

与京津唐张地区一样，研究从发现地震前后重力场的变化入手，对其真实性和可信性进行考察和论证；同时从研究地下质量迁移、地面重力场变化和地震三方面的关系入手，对云南地区重力场变化与地震发生的关系问题做研究。

研究结果证明，南北相离数千千米的两个地区都存在着几乎相同的现象。这样，两个不同地区的研究都找到了有力的佐证。

9.1　1985～1998 年间云南的强震与滇西重力网

对重力场变化与地震发生关系的研究，云南是一个理想的地点。云南地震具有频度高、震级大、分布广的特点(图 9.1.1)；云南省西部的滇西重力网(见图 9.1.1 中的方框和图 9.1.2)，其规模、观测历史、观测质量等都堪称一流(贾民育和孙少安，1992；贾民育等，1995；李辉等，2000)。因此，给人们提供了一个良好的条件以研究这个问题：云南地区重力场的变化与地震之间究竟是有或者没有关系；如果有，他们之间的内在联系又是什么？

欲考察的时间是 1985.33～1998.75，近 14 年的时间。它正好包括了 20 世纪云南大震最后一次活跃期：1988～1996 年(图 9.1.3)。因此在研究上有其典型的意义。

本研究关注的是 6 级以上强震。资料来自中国地震台网(CSN)的地震目录(CSNDMC)，取 1985.0～1999.0 年间东经 97°～103°、北纬 21.5°～27.5°范围内 M≥6.0 的地震(Ms 或 mL)，共有 9 次(A～I)。为进行比较，还取了 1 个 M5 的地震 a (表

9.1.1)。这 10 次地震与滇西重力网的关系见图 9.1.4。

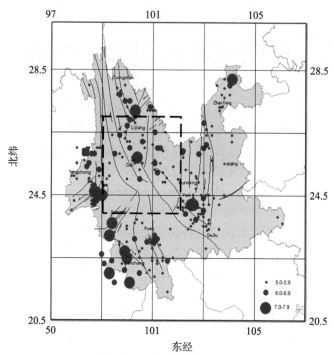

图 9.1.1　云南 20 世纪 5 级以上地震分布(方框表示滇西重力网的覆盖范围)
(引自云南地震局：云南防震减灾工作的创新与发展(2013.10.13))

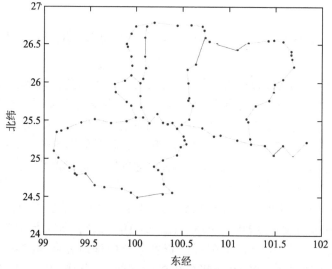

图 9.1.2　滇西重力网点位的示意图(国家地震局地震研究所)

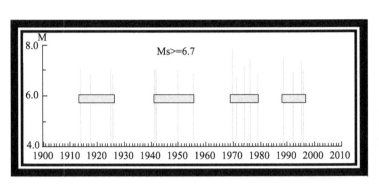

四个大震活跃期:

1913~1925年

1941~1955年

1970~1979年

1988~1996年

每个活跃期持续时间大致为12年左右，其间发生7级地震3~4次

图 9.1.3　20 世纪云南大震活动的特点(引自云南地震局：云南防震减灾工作的创新与发展(2013.10.13))

表 9.1.1　中国地震台网(CSN)地震目录

代号	日期	时间/国际时	纬度/(°)	经度/(°)	深度/km	Ms	Ms7	mL	mb	mB	地点
A	1988/11/06	13:03:16.8	22.92	99.79	13	**7.4**			6.4	6.7	中缅边境
B	1989/05/07	00:38:17.9	23.52	99.62	34	**6.2**	5.7	5.0	5.5	6.0	中缅边境
C	1992/04/23	15:32:49.0	22.45	98.90	13	**6.7**	6.3		5.8	6.2	中缅边境
D	1993/01/26	20:32:06.0	23.06	101.14	31	**6.2**	5.8	5.2	5.3	5.5	云南
E	1994/01/11	00:51:59.0	25.24	97.22	32	**6.4**	6.0		5.8	6.3	中缅边境
F	1995/07/11	21:46:39.2	21.96	99.16	13	**7.3**	6.9	6.9	5.9	6.5	中缅边境
G	1995/10/23	22:46:50.2	26.02	102.24	10	**6.6**	6.2	6.3	5.8	6.3	四川
H	1996/02/03	11:14:19.6	27.34	100.25	10	**6.9**	6.7	7.1	5.9	6.7	云南
I	1996/09/24	19:24:19.6	27.30	100.37	23	5.7	5.5	**6.0**	5.1	5.6	云南
a	1987/05/18	02:03:09.4	26.22	100.26	4			5.0			云南

注：共计 10 个事件,即地震(A~I)和地震 a.各地震采用的震级在表中用黑体字标出。

中国地震台网中心(CENC)提供

滇西重力网与1985~1998年间云南9次强震(M>6)

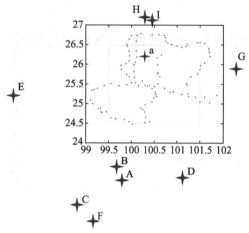

图 9.1.4   1985～1998 年间云南 10 次地震震中的地理位置与滇西重力网(地震 a 作为参考)

9.2   1985～1998 年间滇西重力网对地区重力场、
重力场变化的测量结果

    滇西重力场、重力场变化的结果来自滇西网的重力观测。该网每年进行 2～3 次重复的重力测量，14 年间(1985.33～1998.75)共积累了 32 期观测 (图 9.2.1)。李辉研究员在 1999 年对这一批观测数据进行了专门的处理和归算(李辉等，2000)，得到 32 期重力场的观测结果(图 9.2.2)，其中各图的标题中有结果的序号和其观测的历元(以年为单位)。图中重力等值线的单位是微伽。

1985~1998年间32期重力场观测和9次强震(M>6)

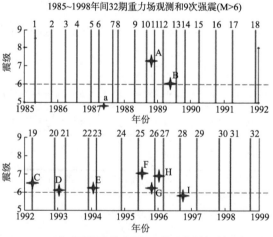

图 9.2.1   1985～1998 年间滇西重力网 32 期观测的时间(年)及地震的震级

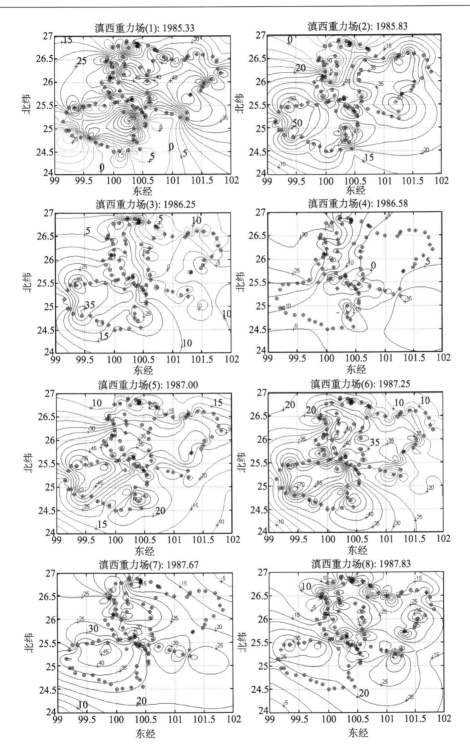

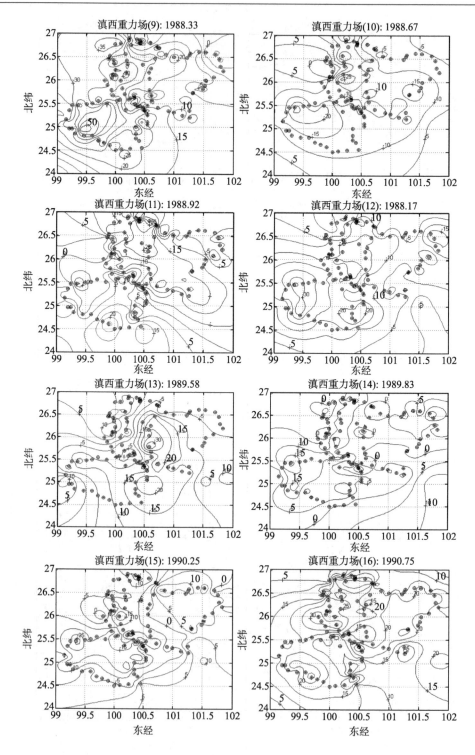

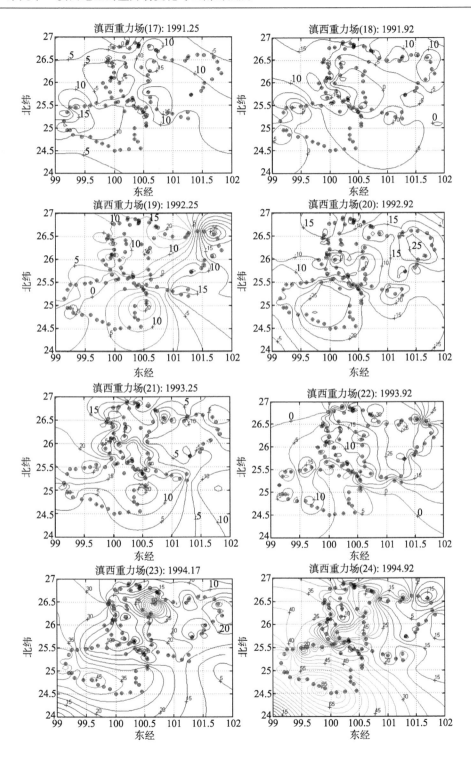

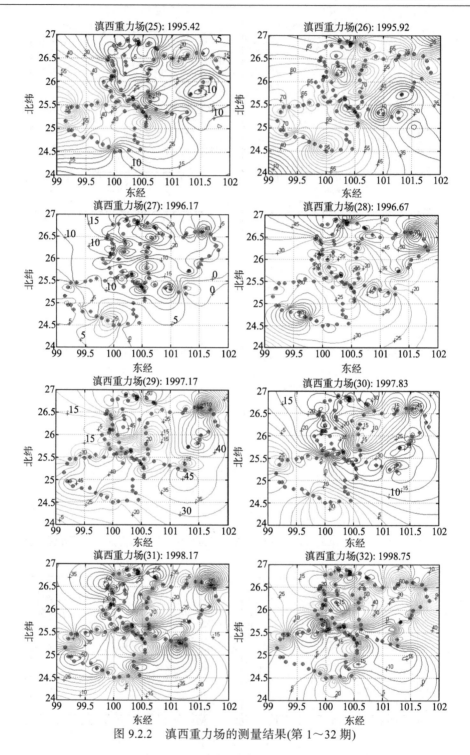

图 9.2.2　滇西重力场的测量结果(第 1～32 期)

为研究重力场变化与地震发生的关系，需要将图 9.2.2 中重力场测量的结果转化为重力场变化的结果。为此，对图 9.2.2 的结果进行差分，得到 31 个重力场变化的测量结果(图 9.2.3)。如果要知道这些年间任何一个时间段里重力场的变化，只需

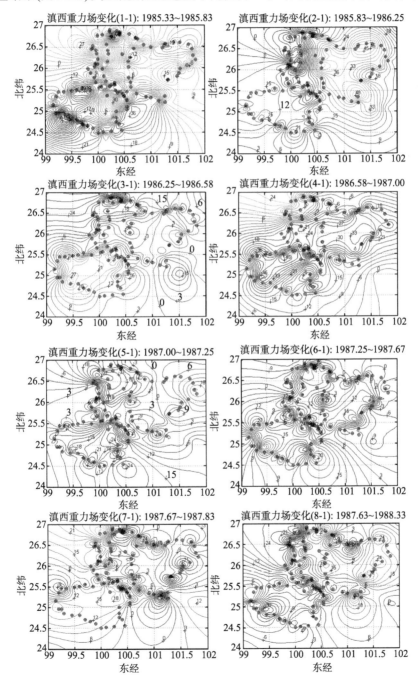

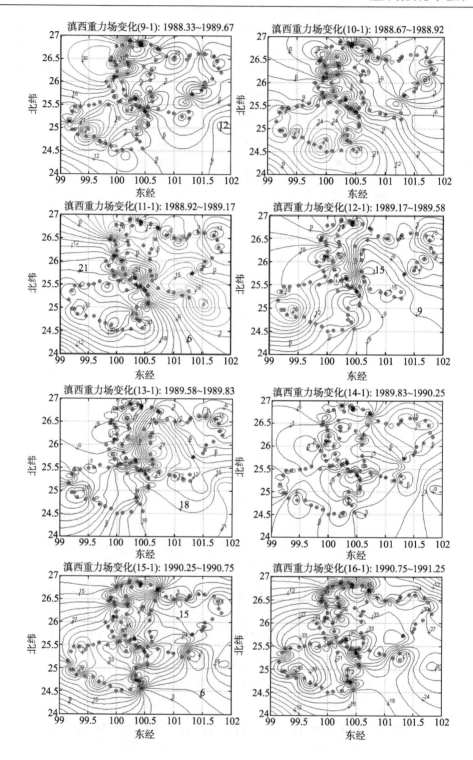

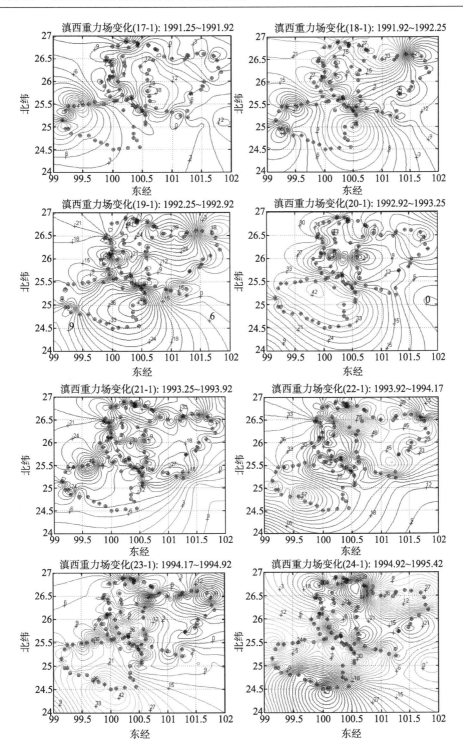

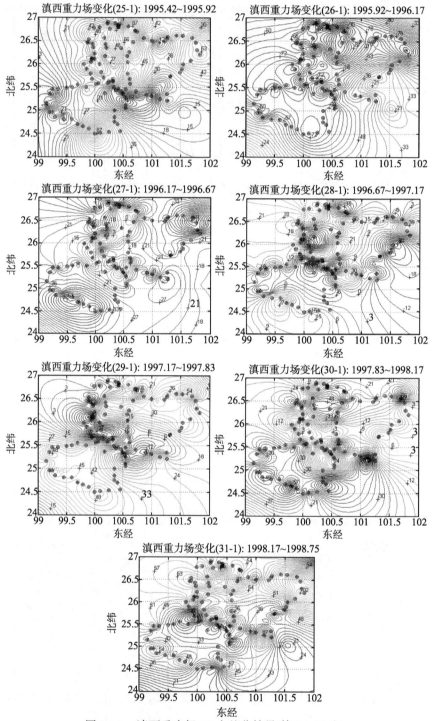

图 9.2.3　滇西重力场 31 个差分结果(第 1～31 个)

要将该时间段里所有的差分加以组合。

　　图 9.2.3 中各图标题(i–1)中的 i(i = 1, 2, 3,···, 31)是差分结果的序号，"1"则是该结果的第一种表现形式，以区别于以后可能会采用的其他表现形式。同时还标有它所对应的时间，即该重力场变化发生所在的时间段。

　　图 9.2.2 和图 9.2.3 中都标有滇西重力网点的位置。当想了解某个重力场或重力场变化结果中某个部分重力等值线的可信性时，可以从它与有关网点的关系入手，网点的结构和密度是否足以支撑所表现出来的重力差值。具体的例子可见 9.5 节。

9.3　滇西网重力场变化结果中的测量误差与信号

　　在第五、六两章中曾专门讨论过相对重力网和网中测量误差的积累对重力场测量结果可能带来的影响。那么该如何来看图 9.2.3 所示的这些实际测量得来的重力场变化结果呢？哪些是误差，哪些是重力场的变化？这是一个实际存在的问题。

　　相比京津唐张重力网而言，滇西重力网占地 8 万余平方千米，形状方正，网点分布均匀。这是一个比较好的实际例子，以对上述问题有一个初步的概念。

　　图 9.3.1 是滇西重力网测量得到的两个实例：左侧是在 5 个月的时间里

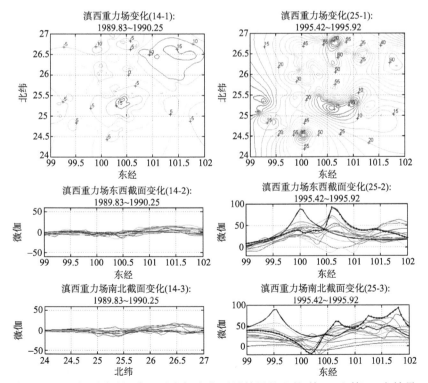

图 9.3.1　两个不同时间滇西重力场变化测量结果的比较(第 14 和第 25 个结果)

(1989.83～1990.25)重力场变化的测量结果(编号：(14-1)，(14-2)，(14-3))；右侧是在 6 个月时间里(1995.42～1995.92)对同一区域重力场变化的测量结果(编号：(25-1)，(25-2)，(25-3))。图中自上而下以三种不同形式来表示重力场的变化，即重力变化的等值线、东西和南北两个方向上重力场变化的竖截面曲线(曲线的平面间隔是 0.25° (纬度或经度)。显然，这两个不同的重力场变化结果是大不相同的：左侧图中重力的相对变化一般不超过 10 微伽；右侧的则是它的好多倍，最大的达 70～80 微伽。如果说前者表示的重力起伏是测量误差造成的假象，这当然是可能的(见第五、六章)；那么对后者就不能再这么说，因为其幅度已超过了测量误差可能的积累范围(见第五、六章)。它表示重力场真的发生了变化，不可能是测量误差造成的假象。因此，滇西地区的重力场是存在着变化的。和其他的测量一样，滇西重力网的测量结果也是信号(重力场变化)和噪声(测量误差的影响)并在。因此，在使用一个重力场变化的测量结果时，首要的一点是判断它的真实性，然后去研究它和地震发生的关系。

9.4   对滇西网重力场变化测量结果噪声水平的估计

在整个 14 年间有两段时间云南的地震相对平静，没有发生 M6 以上的强震(图 9.4.1)。在第一个时间段里，即 1986.25～1988.33 的 25 个月，有 6 个重力场变化的测量结果(图 9.4.2)；在第二个时间段里，即 1989.58～1992.25 的 32 个月，也有相同数量的观测结果(图 9.4.3)。

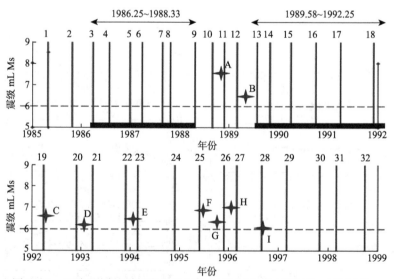

图 9.4.1   两个不同的时间段(1986.25～1988.33 与 1989.58～1992.25)，
此时云南无 M6 以上强震

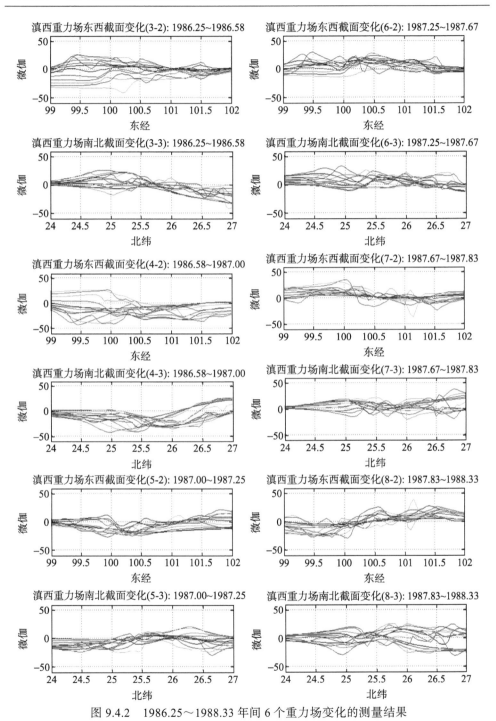

图 9.4.2　1986.25～1988.33 年间 6 个重力场变化的测量结果

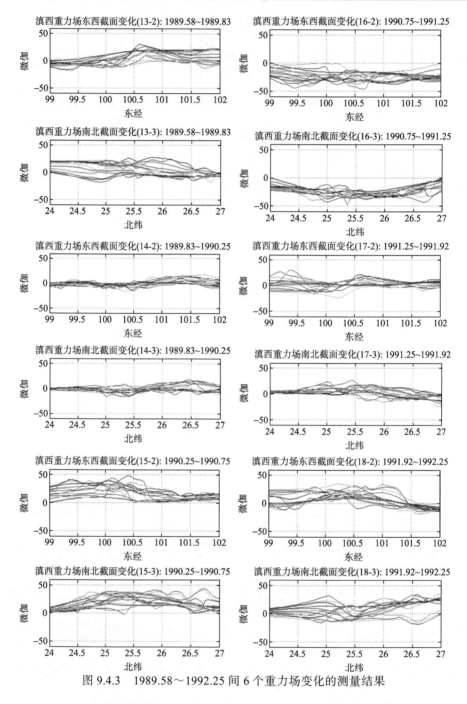

图 9.4.3　1989.58～1992.25 间 6 个重力场变化的测量结果

　　可以看出，在没有强震发生的两段时间内，重力场变化的起伏都表现得相对平稳，有因测量误差引起的重力变化，但重力没有大起大落。截面曲线相对起伏的幅度不大，一般不会超过 20～30 微伽。如果把这些起伏完全看成是测量误差的影响，那么测量误差造成的噪声就应该被估计为这个数值。但是在对照地震目录以后发现，在这个时间里还是有地震发生，如图 9.4.2 中(6-3)所对应的 1987 年 5 月 18 日 mL5.0 地震(见表 9.1.1 的地震 a)，和图 9.4.3 中(17-2)所对应的 1991 年 4 月 11 日 Ms5.1 地震(从地震目录查得)。由此可以推测，单纯由测量误差造成的重力起伏一般应小于这个幅度。

因此一般而言，滇西重力网由测量误差引起的虚假重力起伏可以被估计为 20 微伽左右。大于这个数值时则应该考虑，是不是含有重力场变化的真实信号；小于这个数值的则可认为主要由测量噪声所致，但也不能排除那些与地震发生有关的重力场变化信号。不管是哪种情况，当发现有重力场变化的信号时，还是要用第五章中的方法对它们的可信性进行具体的分析。

在过去的文献中也曾有过类似的估计，如滇西重力场重力变化的异常值可定为 20 微伽(李辉等，2000)。

9.5　1985～1998 年间云南 9 次强震前后有关的重力场变化及其可信性分析

在云南及其周边地区发生的 9 次强震前后，在滇西地区都能找到与它们相关的重力场变化。下面将这些成对出现的重力场变化表示在图 9.5.1～图 9.5.8 中，其中包括信噪比分析的结果。

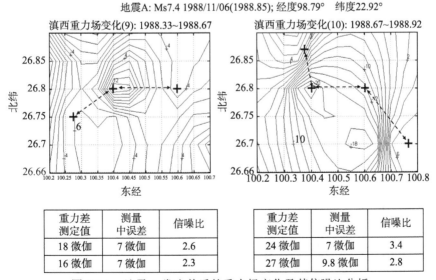

图 9.5.1　地震 A 发生前后的重力场变化及其信噪比分析

值得再次指出的是，这里的"地震前后"是一种粗略的说法(第 7.4 节)。

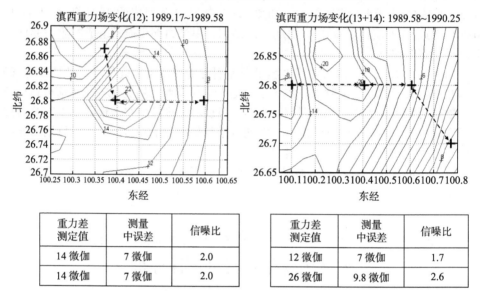

图 9.5.2　地震 B 发生前后的重力场变化及其信噪比分析

重力差 测定值	测量 中误差	信噪比
14 微伽	7 微伽	2.0
14 微伽	7 微伽	2.0

重力差 测定值	测量 中误差	信噪比
12 微伽	7 微伽	1.7
26 微伽	9.8 微伽	2.6

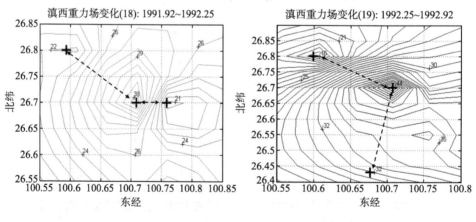

图 9.5.3　地震 C 发生前后的重力场变化及其信噪比分析

重力差 测定值	测量 中误差	信噪比
11 微伽	7 微伽	1.6
12 微伽	7 微伽	1.7

重力差 测定值	测量 中误差	信噪比
29 微伽	7 微伽	4.1
13 微伽	7 微伽	1.9

地震D: Ms6.2 1993/01/6(1993.07); 经度101.14°　纬度23.06°

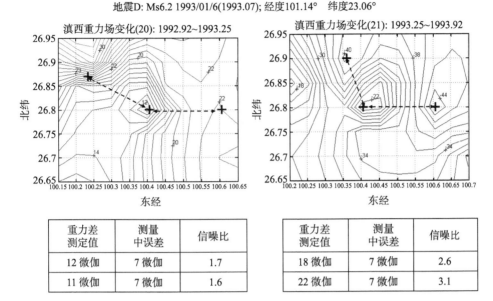

重力差 测定值	测量 中误差	信噪比
12 微伽	7 微伽	1.7
11 微伽	7 微伽	1.6

重力差 测定值	测量 中误差	信噪比
18 微伽	7 微伽	2.6
22 微伽	7 微伽	3.1

图 9.5.4　地震 D 发生前后的重力场变化及其信噪比分析

地震E: Ms6.4 1994/01/11(1994.03); 经度97.22°　纬度25.24°

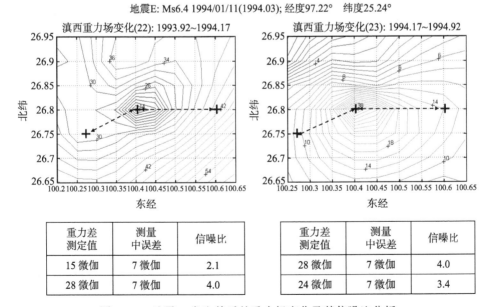

重力差 测定值	测量 中误差	信噪比
15 微伽	7 微伽	2.1
28 微伽	7 微伽	4.0

重力差 测定值	测量 中误差	信噪比
28 微伽	7 微伽	4.0
24 微伽	7 微伽	3.4

图 9.5.5　地震 E 发生前后的重力场变化及其信噪比分析

地震F: Ms7.3 1995/07/11(1995.53); 经度99.16° 纬度21.96

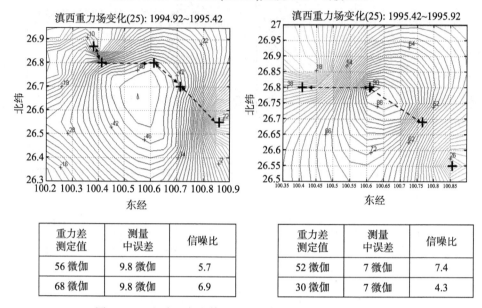

重力差 测定值	测量 中误差	信噪比
56 微伽	9.8 微伽	5.7
68 微伽	9.8 微伽	6.9

重力差 测定值	测量 中误差	信噪比
52 微伽	7 微伽	7.4
30 微伽	7 微伽	4.3

图 9.5.6   地震 F 发生前后的重力场变化及其信噪比分析

地震G: Ms6.6 1995/10/23(1995.81); 经度102.24° 纬度26.02°
地震H: Ms6.9 1996/02/03(1996.09); 经度100.25° 纬度27.34°

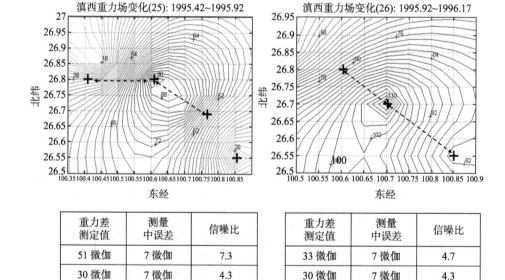

重力差 测定值	测量 中误差	信噪比
51 微伽	7 微伽	7.3
30 微伽	7 微伽	4.3

重力差 测定值	测量 中误差	信噪比
33 微伽	7 微伽	4.7
30 微伽	7 微伽	4.3

图 9.5.7   地震 G，H 发生前后的重力场变化及信噪比分析

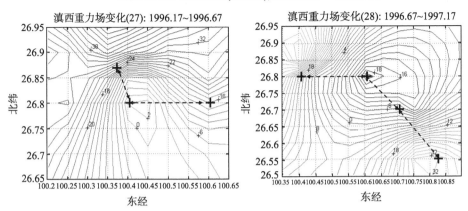

地震I: mL6.0 1996/09/24(1996.73); 经度100.37° 纬度27.30°

重力差 测定值	测量 中误差	信噪比
26 微伽	7 微伽	3.7
18 微伽	7 微伽	2.6

重力差 测定值	测量 中误差	信噪比
38 微伽	7 微伽	5.4
52 微伽	9.8 微伽	5.3

图 9.5.8 地震 I 发生前后的重力场变化及其信噪比分析

表 9.5.1 综合表示了上述信噪比分析的结果。表中共列出了 36 个信噪比分析的结果，其中信噪比大于 3 的有 21 个(58%)；大于 2 的有 30 个(83%), 没有达到 2 的要求的有 6 个(17%)。但是这 6 个没有达到信噪比要求的结果并没有表示出相反的重力变化走向。对它们的可信性还可以在 9.6 节进一步考察。

表 9.5.1 与 9 次地震(M>6)有关重力场显著变化结果测量的信噪比

地震	信噪比(测量时段 1)	信噪比(测量时段 2)	两个测量时段中间点的时刻(偏离地震发生的时间)
A: M7.4(1988.85)	2.6, 2.3	3.4, 2.8	1988.67(地震前 0.18 年)
B: M6.2(1989.35)	2.0, 2.0	1.7, 2.6	1989.58(地震前 0.23 年)
C: M6.7(1992.31)	1.6, 1.7	4.1, 1.9	1992.25 (地震前 0.06 年)
D: M6.2(1993.07)	1.7, 1.6	2.6, 3.1	1993.25(地震前 0.18 年)
E: M6.4(1994.03)	2.1, 4.0	4.0, 3.4	1994.17(地震前 0.14 年)
F: M7.3(1995.33)	5.7, 6.9	7.4, 4.3	1995.42(地震前 0.11 年)
G: M6.6(1995.81)	7.3, 4.3	4.7, 4.3	1995.42(地震前 0.11 年)
H: M6.8(1996.09)	7.3, 4.3	4.7, 4.3	1995.92(地震前 0.17 年)
I: M6.0(1996.73)	3.7, 2.6	5.4, 5.3	1996.67(地震前 0.06 年)

就总体而言,这些结果可以对云南地区"地震发生前重力场是否真的发生变化"(陈运泰等,2002)这一个问题做出回答:云南地区地震前后存在着与地震发生有关的重力场变化。

9.6 1985～1998 年间云南 9 次强震前后滇西地区有关重力场的变化过程

为了对这些重力场变化的真实性做进一步的考察,如同第 7.5 节那样,对它们的变化过程也进行了研究。为了方便,同样以重力场变化截面曲线的变化代替重力场变化本身以研究它的变化过程,得到图 9.6.1～图 9.6.6 (对图的解释可参见7.5 节)。

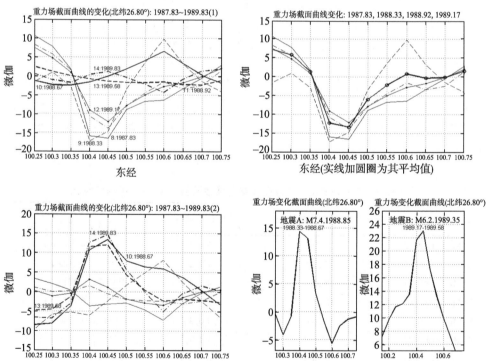

图 9.6.1　地震 A 和 B 发生前后重力场东西向截面曲线(北纬 26.80°)的变化过程

地震 C: M6.2(1992.31)前后重力场截面曲线的变化

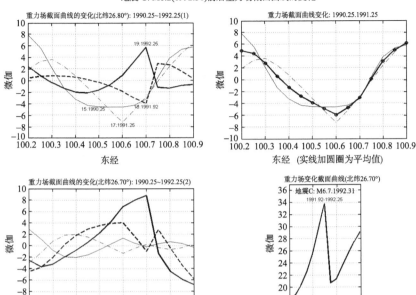

图 9.6.2　地震 C 发生前后重力场东西向截面曲线（北纬 26.80°）的变化过程

地震 D: M6.2(1993.07)前后重力场截面曲线的变化

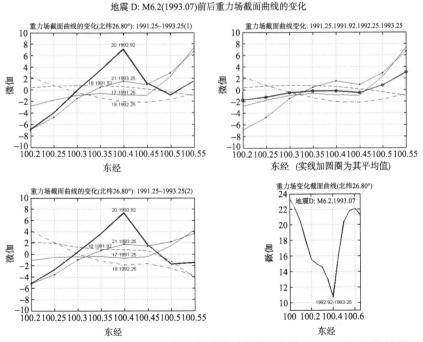

图 9.6.3　地震 D 发生前后重力场东西截面曲线（北纬 26.80°）的变化过程

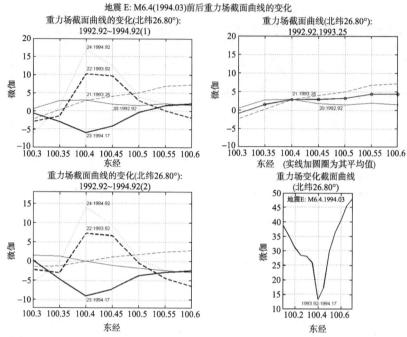

图 9.6.4　地震 E 发生前后重力场东西截面曲线（北纬 26.80°）的变化过程

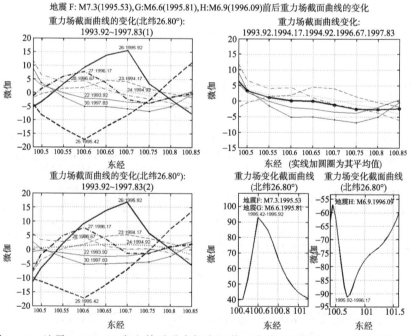

图 9.6.5　地震 F、G、H 发生前后重力场东西截面曲线（北纬 26.80°）的变化过程

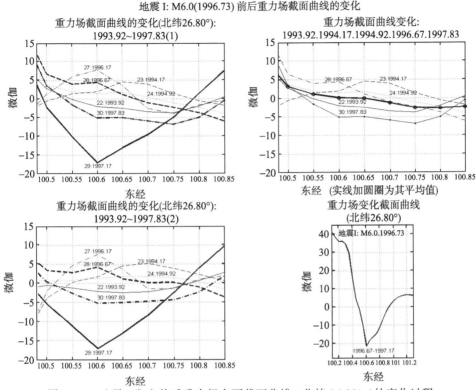

图 9.6.6　地震 I 发生前后重力场东西截面曲线 (北纬 26.80°) 的变化过程

　　通过上面的图可以清楚地看到重力场变化的具体过程。截面曲线的波动一直有，但是每当地震发生时这种波动就表现异常，幅度显著增大。地震发生的时刻往往正是其变化率达到极值之时。此外，这种与地震发生有关的重力场变化也往往是成对出现的。因此，监测重力场的变化并设法跟踪它的变化过程，是地震预测预报工作中的一项基础性工作，值得去做。

　　通过上述对重力场变化过程的考察，更加清楚地看到了重力场变化过程和地震发生之间的关联，同时也了解到滇西重力网有能力对它们进行测定。

9.7　云南地区强震前后滇西重力场的变化(1985～1998 年)

　　把滇西地区发现的，与 9 次地震发生有关的重力场变化中挑出最有代表性的一些截面曲线表示在图 9.7.1～图 9.7.3 中。它们对应的时间段也都一一加以注明。与在京津唐张地区看到过的情况一样，它们很可能来自地下质量的迁移。

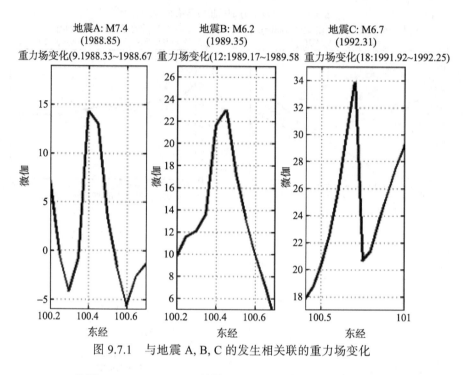

图 9.7.1 与地震 A, B, C 的发生相关联的重力场变化

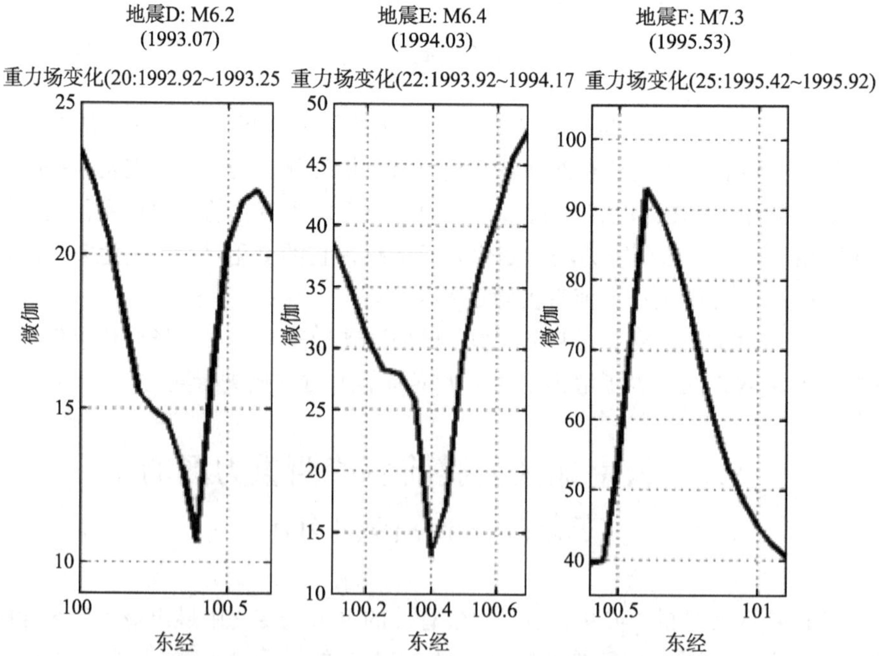

图 9.7.2 与地震 D、E、F 的发生相关联的重力场变化

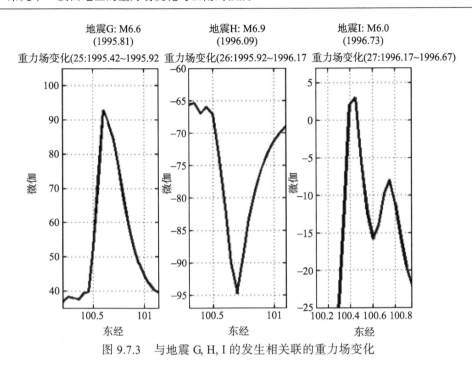

图 9.7.3　与地震 G, H, I 的发生相关联的重力场变化

9.8　滇西地区重力场重力的变化强度(1985～1998 年)

计算滇西地区重力场重力变化的强度指数时采用的方法和软件与 7.7 节中的完全一样。数据采集的范围则取重力网提供结果的全部，即图 9.2.3 中所示结果的全部。

同京津唐张重力网一样，滇西重力场在 1985～1998 年间测量得到 31 个重力变化结果所对应的时间间隔并不一致(图 9.2.1)，在计算重力变化强度时要进行相应的换算。所用的换算系数见表 9.8.1。

换算后得到的重力场重力的变化强度见表 9.8.2 和图 9.8.1。

表 9.8.1　滇西重力场重力变化强度指数(1:31)对应的时间间隔和换算系数
(各小格中第一行为时间间隔(年)；第二行为换算系数(标准时间间隔是 0.5 年))

序号	1	2	3	4	5	6	7	8	9	10
0+	0.50	0.42	0.33	0.42	0.25	0.42	0.16	0.50	0.34	0.25
	1.00	1.19	1.51	1.19	2.00	1.19	3.12	1.00	1.47	2.00
10+	0.25	0.41	0.35	0.42	0.50	0.50	0.67	0.33	0.67	0.33
	2.00	1.19	1.43	1.19	1.00	1.00	0.75	1.51	0.75	1.51
20+	0.67	0.25	0.75	0.50	0.50	0.25	0.50	0.50	0.66	0.34
	0.75	2.00	0.66	1.00	1.00	2.00	1.00	1.00	0.75	1.47
30+	0.58									
	0.83									

表 9.8.2   滇西地区重力场重力的变化强度

(单位: 微伽/0.5 年)

序号	1	2	3	4	5	6	7	8	9	10
0+	14.08	13.96	14.67	16.96	17.38	9.96	17.17	12.24	19.47	17.26
10+	24.34	12.55	14.35	7.09	10.67	8.88	5.41	17.90	8.81	16.45
20+	6.62	22.34	6.58	17.81	17.94	34.34	12.55	13.76	10.66	14.66
30+	10.97									

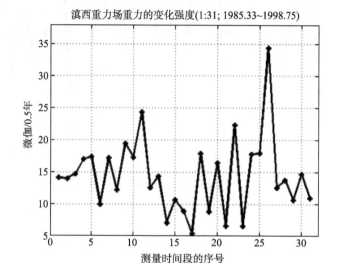

图 9.8.1   滇西重力场重力的变化强度(1:31)

9.9   滇西地区重力场重力变化强度与地震的关系(1985～1998 年)

和在京津唐张地区看到的情况相同, 滇西地区重力场重力变化的强度与地震的发生有关(图 9.9.1)。显然, 地震发生的时间与重力变化强度达到极值的时间一致。

图 9.9.2 的表格是对它们二者之间关系具体的说明。对表格的解释可参见图 7.9.1。

与第七章相比(图 7.9.1), 滇西地区的情况要更好一些。9 次地震中有 6 次发震的时刻落在重力场变化功率达到极值的时间段中; 另有一次可以说基本做到(地震 C)。对于地震 A 和 B 时的不一致, 可以参考第七章中有关的解释(第 7.9 节)。

因此, 和京津唐张地区一样, 云南地区也有类似的现象, 即地震发生的时间与重力场重力变化强度达到极值的时间相符。

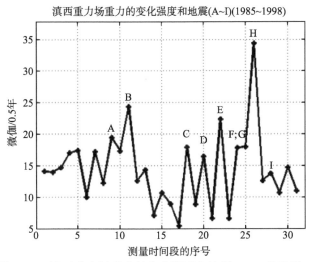

图 9.9.1 滇西重力场重力的变化强度和地震(A～I)的关系(1)

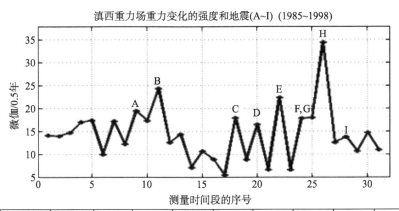

地震	A	B	C	D	E	F	G	H	I
地震发生时刻	1988.85	1989.35	1992.31	1993.07	1994.03	1995.53	1995.81	1995.09	1995.73
重力变化强度达到极值的时间段	(9) 1988.33 1988.67	(11) 1988.92 1989.17	(18) 1991.92 1992.25	(20) 1992.92 1993.25	(22) 1993.92 1994.17	(25) 1995.42 1995.92	(25) 1995.42 1995.92	(26) 1995.92 1995.17	(28) 1996.67 1997.17
二者的符合程度	+0.18	+0.18	+0.05	0	0	0	0	0	0

图 9.9.2 滇西重力场重力的变化强度和地震(A～I)的关系(2)

第十章 滇西重力网地区地下质量的迁移

中国的京津唐张地区存在着地下质量的迁移,并且和地区的重力场变化强度、地震的发生相关联。那么,在中国的云南地区是否也是如此?这就是本章要讨论的内容。

10.1 滇西重力场的显著变化与地下质量迁移

同第八章一样,首先对滇西地区发现与地震发生有关联的重力场变化(图 9.7.1~图 9.7.3)进行检验,对它们的实测曲线(实线)和可能存在地下质量迁移的理论推算曲线(虚线)进行比较(图 10.1.1~图 10.1.3)。结果表明,实测曲线和理论曲线之间十分接近,特别是信号曲线的上面部分(即信号的尖端部分),那里受重力网误差的影响要小(第六章)。信号下部存在差别的原因已经在第六章中讨论过(第 6.2 节),这里不再重复。

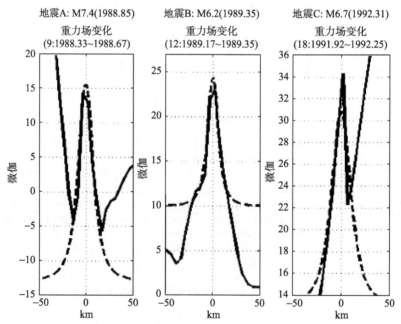

图 10.1.1 地震前后重力场变化的实测曲线(实线)与理论计算曲线(虚线) (1)

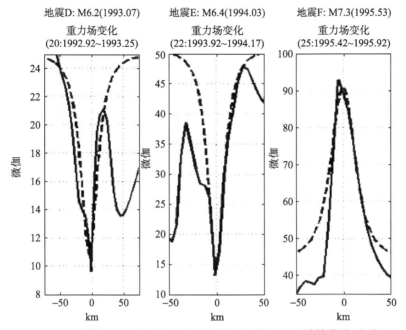

图 10.1.2　地震前后重力场变化的实测曲线(实线)与理论计算曲线(虚线) (2)

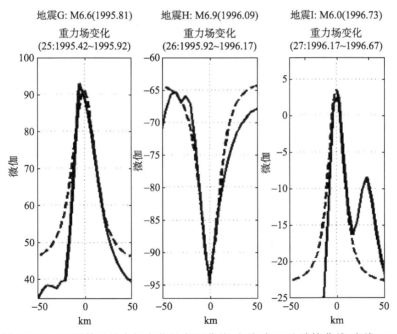

图 10.1.3　地震前后重力场变化的实测曲线(实线)与理论计算曲线(虚线) (3)

10.2 滇西地区地下扰动体的地理位置、
深度和质量(1~31)

在第九章中，证明滇西同样存在着与地震发生有关的重力场变化。它们的真实性是可信的(第 9.5、9.6 节)。和京津唐张地区一样，它们的地理分布也是集中在一个狭小的范围内(可参见图 9.5.1~图 9.5.8，及图 10.3.1)。几何形态与地下质量迁移引起的十分相近(第 10.1 节)，因此按前述方法(第三章)对它们(共 18 个)计算了与其有关地下扰动体的各项参数。对其他的重力场变化的结果(共 13 个)也进行了类似的计算，总共得到 31 个地下扰动体的计算结果。对后面 13 个重力场变化结果的真实性虽然没有经过如同前者那样严格的检验，但是其真实性可以通过它们本身来判断。在本章的后面可以看到，所有得到的 31 个地下扰动体，它们三个参数之间的和谐一致，和地区重力变化强度之间良好的对应，以及和地震发生的——对应，都在说明这些地下扰动体的计算结果是可信的。测量误差虽然存在，但是并没有对它们造成明显的影响。

对滇西地区所有的重力场变化结果进行计算，得到 1985~1998 年间滇西地区地下扰动体的 31 个结果，见图 10.2.1。

和第八章的类似结果一样(图 8.2.1)，图中分别表示了地下扰动体的地理位置(上左)，重力场变化东西向的截面曲线及其差分(上右)，计算得到的扰动体深度(下左)和质量(下右)。

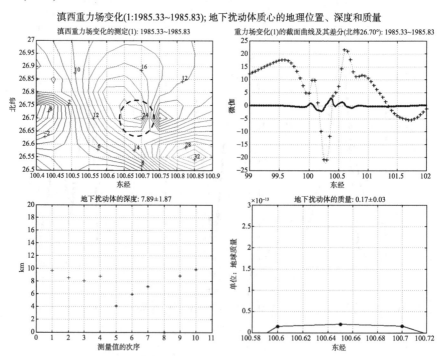

滇西重力场变化(1:1985.33~1985.83); 地下扰动体质心的地理位置、深度和质量

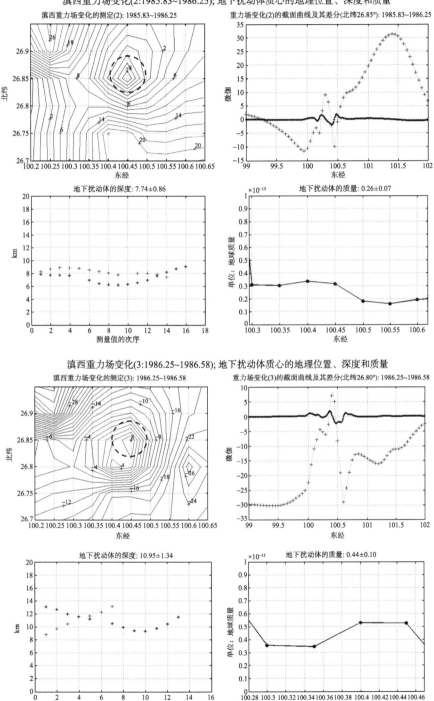

滇西重力场变化(2:1985.83~1986.25); 地下扰动体质心的地理位置、深度和质量

滇西重力场变化(3:1986.25~1986.58); 地下扰动体质心的地理位置、深度和质量

滇西重力场变化(4:1986.58~1987.00); 地下扰动体质心的地理位置、深度和质量

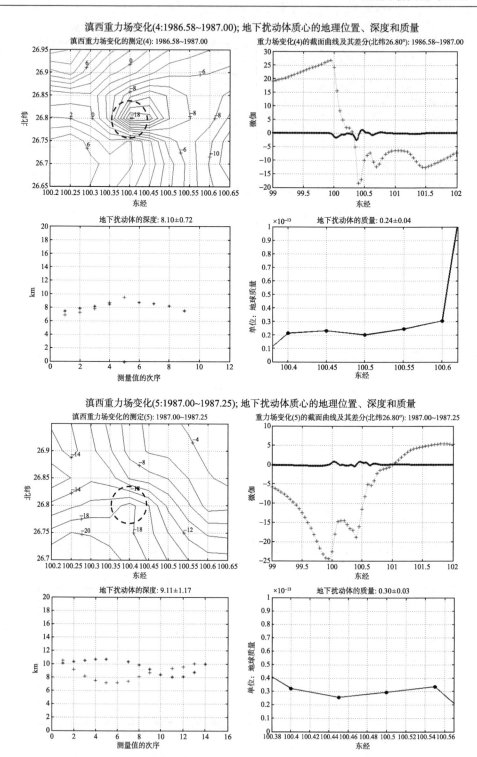

滇西重力场变化(5:1987.00~1987.25); 地下扰动体质心的地理位置、深度和质量

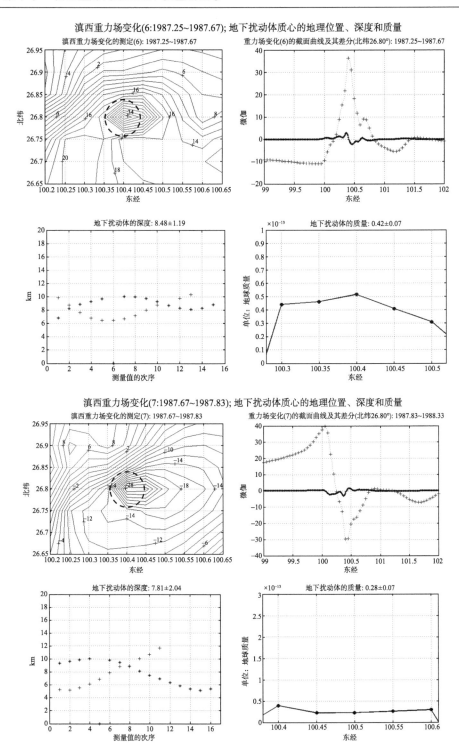

滇西重力场变化(6:1987.25~1987.67); 地下扰动体质心的地理位置、深度和质量

滇西重力场变化的测定(6): 1987.25~1987.67

重力场变化(6)的截面曲线及其差分(北纬26.80°): 1987.25~1987.67

地下扰动体的深度: 8.48±1.19

地下扰动体的质量: 0.42±0.07

滇西重力场变化(7:1987.67~1987.83); 地下扰动体质心的地理位置、深度和质量

滇西重力场变化的测定(7): 1987.67~1987.83

重力场变化(7)的截面曲线及其差分(北纬26.80°): 1987.83~1988.33

地下扰动体的深度: 7.81±2.04

地下扰动体的质量: 0.28±0.07

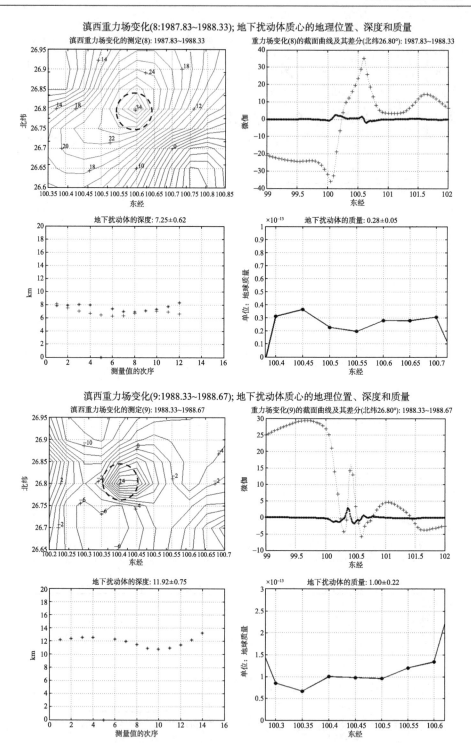

滇西重力场变化(8:1987.83~1988.33); 地下扰动体质心的地理位置、深度和质量

滇西重力场变化的测定(8): 1987.83~1988.33

重力场变化(8)的截面曲线及其差分(北纬26.80°): 1987.83~1988.33

地下扰动体的深度: 7.25±0.62

地下扰动体的质量: 0.28±0.05

滇西重力场变化(9:1988.33~1988.67); 地下扰动体质心的地理位置、深度和质量

滇西重力场变化的测定(9): 1988.33~1988.67

重力场变化(9)的截面曲线及其差分(北纬26.80°): 1988.33~1988.67

地下扰动体的深度: 11.92±0.75

地下扰动体的质量: 1.00±0.22

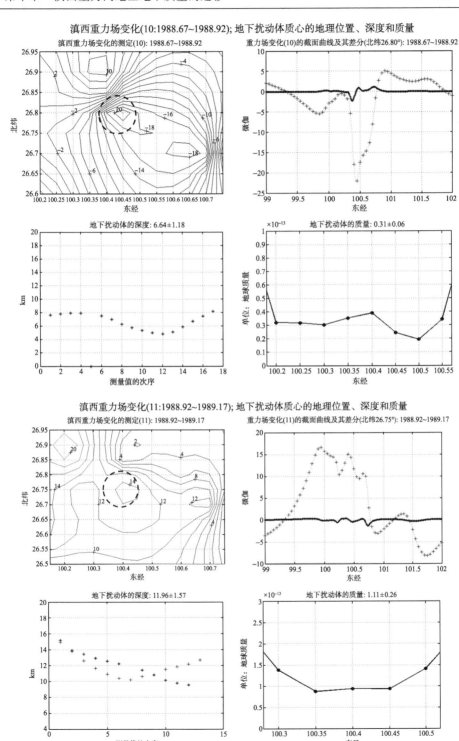

滇西重力场变化(10:1988.67~1988.92); 地下扰动体质心的地理位置、深度和质量

滇西重力场变化的测定(10): 1988.67~1988.92

重力场变化(10)的截面曲线及其差分(北纬26.80°): 1988.67~1988.92

地下扰动体的深度: 6.64±1.18

地下扰动体的质量: 0.31±0.06

滇西重力场变化(11:1988.92~1989.17); 地下扰动体质心的地理位置、深度和质量

滇西重力场变化的测定(11): 1988.92~1989.17

重力场变化(11)的截面曲线及其差分(北纬26.75°): 1988.92~1989.17

地下扰动体的深度: 11.96±1.57

地下扰动体的质量: 1.11±0.26

滇西重力场变化(12:1989.17~1989.58); 地下扰动体质心的地理位置、深度和质量

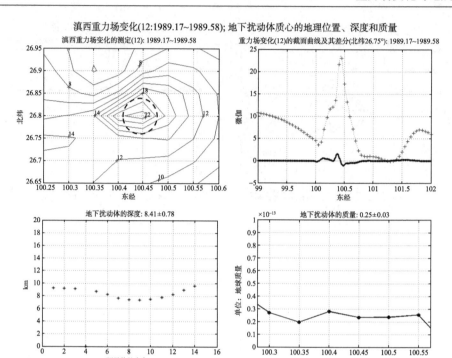

滇西重力场变化(13:1989.58~1989.83); 地下扰动体质心的地理位置、深度和质量

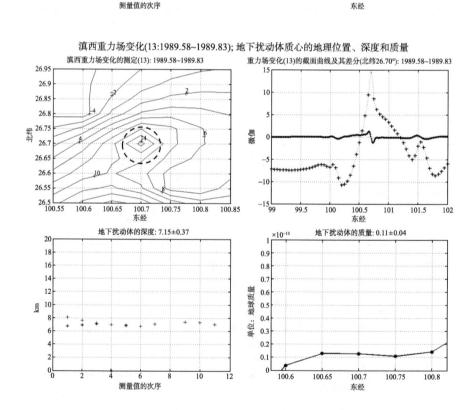

滇西重力场变化(14:1989.83~1990.25); 地下扰动体质心的地理位置、深度和质量

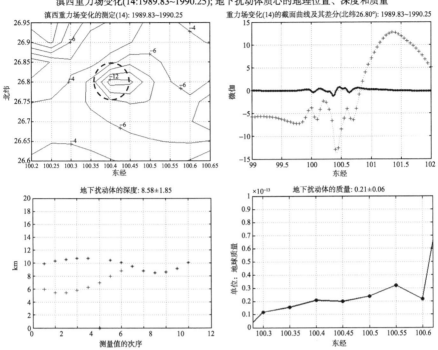

滇西重力场变化(15:1990.25~1990.75); 地下扰动体质心的地理位置、深度和质量

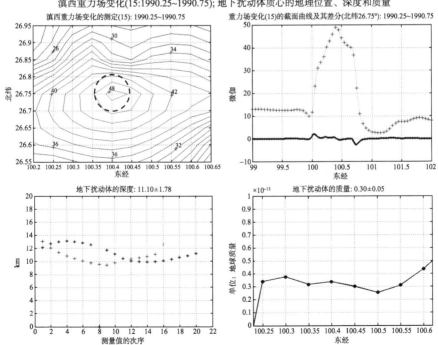

滇西重力场变化(16:1990.75~1991.25); 地下扰动体质心的地理位置、深度和质量

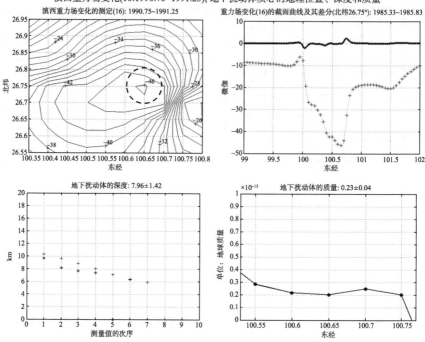

滇西重力场变化(17:1991.25~1991.92); 地下扰动体质心的地理位置、深度和质量

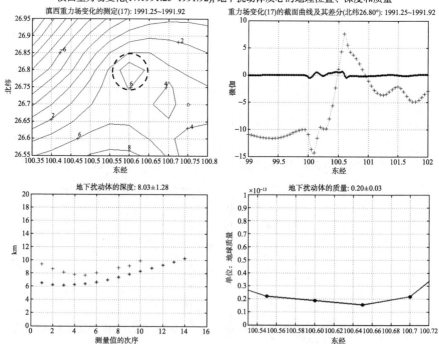

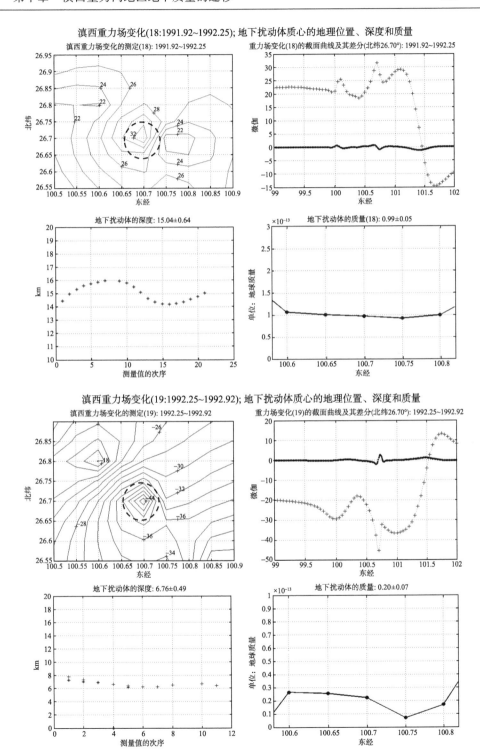

滇西重力场变化(18:1991.92~1992.25); 地下扰动体质心的地理位置、深度和质量

滇西重力场变化(19:1992.25~1992.92); 地下扰动体质心的地理位置、深度和质量

滇西重力场变化(20:1992.92~1993.25); 地下扰动体质心的地理位置、深度和质量

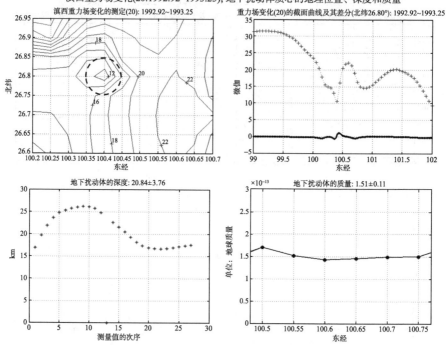

滇西重力场变化(21:1993.25~1993.92); 地下扰动体质心的地理位置、深度和质量

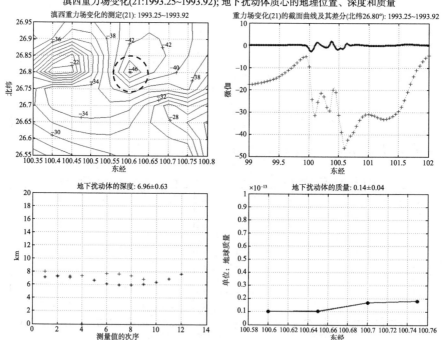

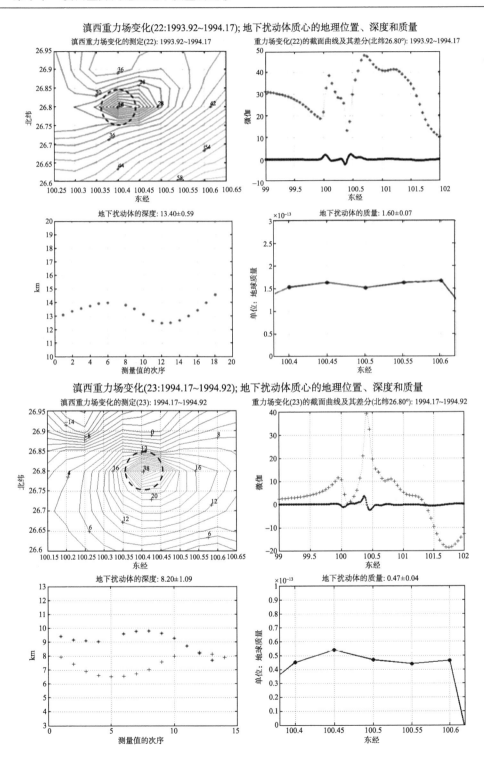

滇西重力场变化(22:1993.92~1994.17); 地下扰动体质心的地理位置、深度和质量

滇西重力场变化的测定(22): 1993.92~1994.17

重力场变化(22)的截面曲线及其差分(北纬26.80°): 1993.92~1994.17

地下扰动体的深度: 13.40±0.59

地下扰动体的质量: 1.60±0.07

滇西重力场变化(23:1994.17~1994.92); 地下扰动体质心的地理位置、深度和质量

滇西重力场变化的测定(23): 1994.17~1994.92

重力场变化(23)的截面曲线及其差分(北纬26.80°): 1994.17~1994.92

地下扰动体的深度: 8.20±1.09

地下扰动体的质量: 0.47±0.04

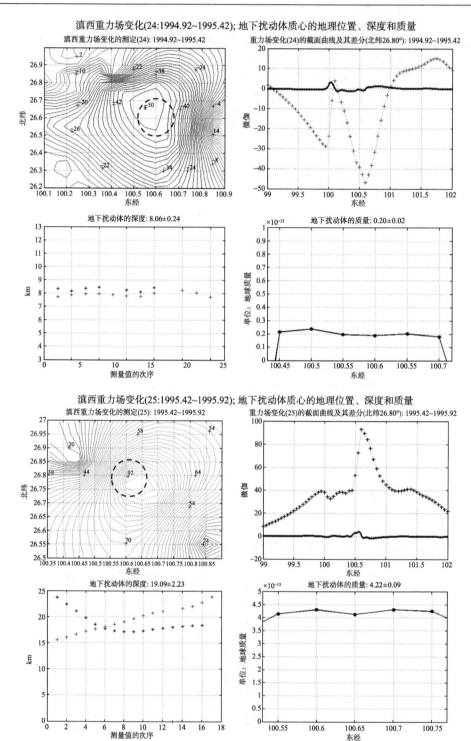

滇西重力场变化(24:1994.92~1995.42); 地下扰动体质心的地理位置、深度和质量

滇西重力场变化的测定(24): 1994.92~1995.42

重力场变化(24)的截面曲线及其差分(北纬26.80°): 1994.92~1995.42

地下扰动体的深度: 8.06±0.24

地下扰动体的质量: 0.20±0.02

滇西重力场变化(25:1995.42~1995.92); 地下扰动体质心的地理位置、深度和质量

滇西重力场变化的测定(25): 1995.42~1995.92

重力场变化(25)的截面曲线及其差分(北纬26.80°): 1995.42~1995.92

地下扰动体的深度: 19.09±2.23

地下扰动体的质量: 4.22±0.09

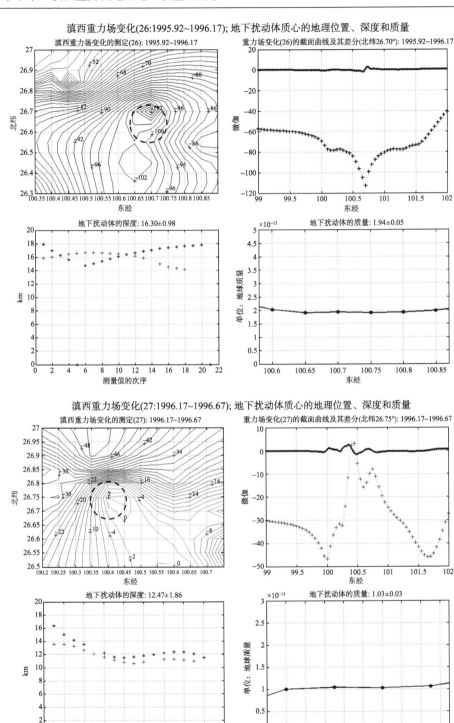

滇西重力场变化(26:1995.92~1996.17); 地下扰动体质心的地理位置、深度和质量

滇西重力场变化的测定(26): 1995.92~1996.17

重力场变化(26)的截面曲线及其差分(北纬26.70°): 1995.92~1996.17

地下扰动体的深度: 16.30±0.98

地下扰动体的质量: 1.94±0.05

滇西重力场变化(27:1996.17~1996.67); 地下扰动体质心的地理位置、深度和质量

滇西重力场变化的测定(27): 1996.17~1996.67

重力场变化(27)的截面曲线及其差分(北纬26.75°): 1996.17~1996.67

地下扰动体的深度: 12.47±1.86

地下扰动体的质量: 1.03±0.03

滇西重力场变化(28:1996.67~1997.17); 地下扰动体质心的地理位置、深度和质量

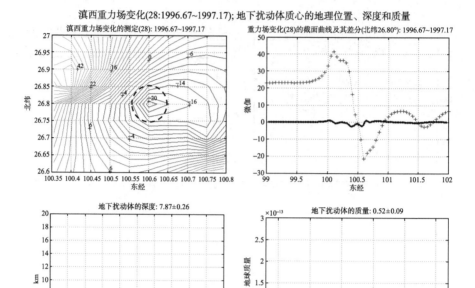

滇西重力场变化(29:1997.17~1997.83); 地下扰动体质心的地理位置、深度和质量

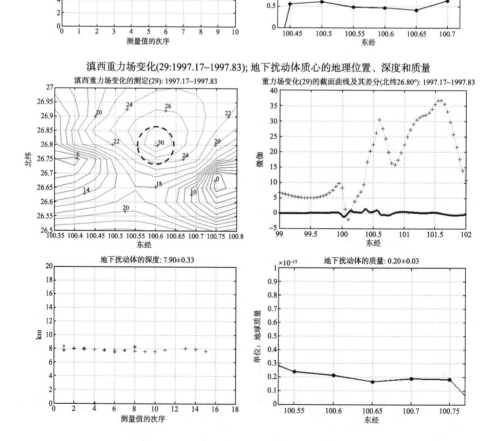

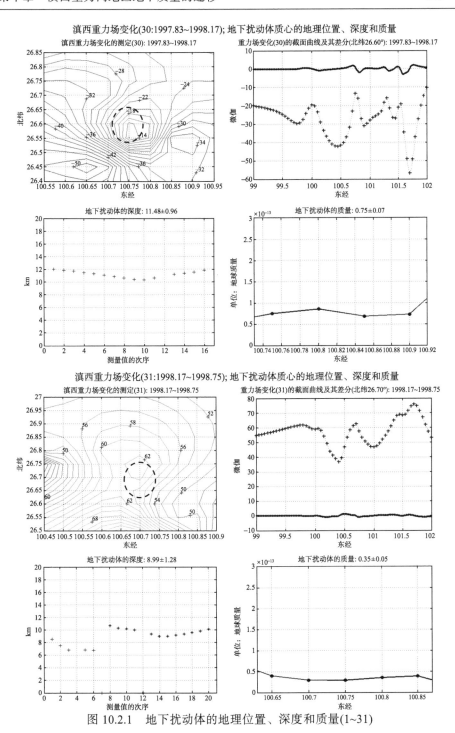

图 10.2.1 地下扰动体的地理位置、深度和质量(1~31)

为便于研究，将上述结果中的参数分别集中表示在表 10.2.1~表 10.2.3 中。

表 10.2.1　地下扰动体的地理位置：1~31

(东经和北纬；单位为度)

序号	1	2	3	4	5	6	7	8	9	10
0+	110.70 26.70	100.45 26.85	100.45 26.85	100.40 26.80	100.40 26.80	100.40 26.80	100.40 26.80	100.60 26.80	100.40 26.80	100.40 26.80
10+	100.40 26.75	100.45 26.80	100.70 26.70	116.40 26.80	100.40 26.75	100.65 26.75	100.60 26.80	100.70 26.70	100.70 26.70	100.40 26.80
20+	100.60 26.80	100.40 26.80	100.40 26.80	100.60 26.80	100.60 26.80	100.70 26.70	100.40 26.75	100.60 26.80	100.60 26.80	100.75 26.60
30+	100.70 26.70									

表 10.2.2　地下扰动体的深度：1~31　　(单位：km)

序号	1	2	3	4	5	6	7	8	9	10
0+	7.89	7.74	10.95	8.10	9.11	8.48	7.81	7.25	11.92	6.64
10+	11.96	8.41	7.15	8.58	11.10	7.96	8.03	15.04	6.76	20.84
20+	6.96	13.40	8.20	8.06	19.09	16.30	12.47	7.87	7.90	11.48
30+	8.99									

表 10.2.3　地下扰动体的质量：1~31

(单位：地球质量的 10^{-13})

序号	1	2	3	4	5	6	7	8	9	10
0+	0.17	0.26	0.44	0.24	0.30	0.42	0.28	0.28	1.00	0.31
10+	1.11	0.25	0.11	0.21	0.30	0.23	0.20	0.99	0.20	1.51
20+	0.14	1.60	0.47	0.20	4.22	1.94	1.03	0.52	0.20	0.75
30+	0.35									

上述表 10.2.3 中 31 个地下扰动体质量所对应的时间段长度并不一致，在 0.16~0.75 年之间变化。在与地震发生比较之前，应该把它们换算到同一时间尺度中质量变化的量，即地下扰动体质量的变化率。和第七、八章相同，采用的时间尺度为 0.5 年(见 8.5 节)，所用的转化系数也与表 9.8.1 所示的相同。得到的质量变化率见表 10.2.4。

表 10.2.4　地下扰动体质量的变化率(以 0.5 年计)：1~31

(单位：地球质量的 10^{-13})

序号	1	2	3	4	5	6	7	8	9	10
0+	0.17	0.31	0.66	0.29	0.60	0.50	0.84	0.28	1.50	0.62
10+	2.22	0.30	0.22	0.25	0.30	0.23	0.15	1.48	0.15	2.26
20+	0.11	3.20	0.31	0.20	4.22	3.88	1.03	0.52	0.15	1.12
30+	0.29									

10.3 滇西地区地下扰动体质心平面位置的运动

在第八章中已经看到，京津唐张地区地下扰动体质心在地面上的平面位置并不是固定不动的，而且它的运动与地震的发生有关。现在来看云南的滇西地区，是否也存在着同样的现象。根据表 10.2.1 的数据得到了扰动体在 1985~1998 年这 14 年间的活动范围(图 10.3.1)和运动轨迹(图 10.3.2)。可以看到在这将近 14 年的时间里，扰动体始终在一个较小的范围内移动(经纬度差分别为 0.3°和 0.2°)。这种现象在京津唐张地区存在(第八章)，在云南滇西地区也同样存在，并且表现得更加突出。再次向人们提出，这是一个十分值得研究的问题，尽管本书现在还无法给出有把握的解释。

和京津唐张地区一样，扰动体质心的平面位置大多数与重力网在这儿的网点，如 98、01 和 02 等点位置一致，或者基本一致(图 10.3.1 和图 10.3.2)。

从图中可以看出，和京津唐张地区一样，地震前后滇西地区地下扰动体质心的平面位置也存在着单向，或双向来回移动的现象。没有地震时，扰动体质心位置静止不动，见图 10.3.2 中的 4,5,6,7 点，在一年多的时间里(1986.58~1987.83)没有任何运动；但在地震 A 发生前后 15 个月的时间里(1987.67~1988.92)，先向东移动 20km，到第 8 点，然后又回到原来的位置(9,10 点)。为了能更清楚地看出各次地震前后扰动

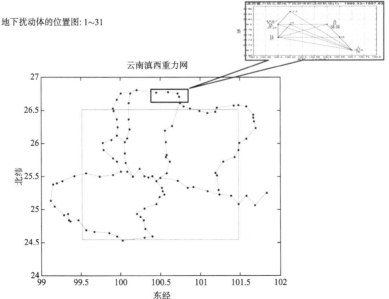

图 10.3.1 滇西重力网北部地下扰动体质心平面位置的运动

(重力网点的经纬度：98：100.4°, 26.8°；01：100.6°, 26.8°；02：100.7°, 26.7°)

体质心的运动，将图 10.3.2 分解成两张图(图 10.3.3 和图 10.3.4)，并附有相应的说明(图中以粗虚线表示与地震发生有关的移动线段)。

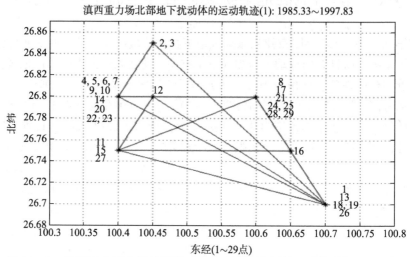

图 10.3.2　滇西重力网北部地下扰动体质心平面位置的运动轨迹图(1~29 点)

(重力网点的经纬度：98：100.4°, 26.8°；01：100.6°, 26.8°；02：100.7°, 26.7°)

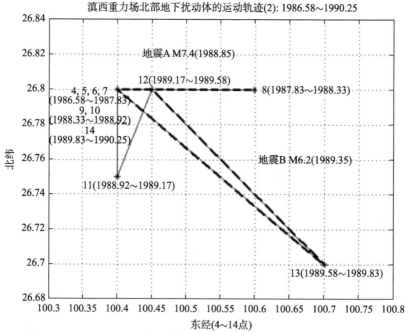

图 10.3.3　地震 A、B 发生前后地下扰动体位置的运动轨迹(4~14 点)

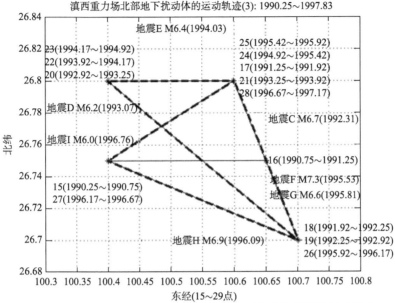

图 10.3.4 地震 C、D、E、F、G、H、I 发生前后地下扰动体位置的运动轨迹(15~29 点)

为了便于解释，现用表 10.3.1 对上述现象进行具体说明。表中列出了地震(第 1 行)，地震发生的时间(第 2 行)。地震发生前后地下扰动体位置的移动：例如，地震 E 名下的"20~21"(图 10.3.4 中 20、21 点间的直线线段)及其关联的时间段(1992.92~1993.92)；以及紧接着的反向移动"21-22"和其关联的时间段(1993.25~1994.17)(均见第 3 行)。最后一行表示的是移动的距离，以千米计。

表 10.3.1 滇西地区地下扰动体质心平面位置运动与地震(A~1)的关联

地震	A	B	C	D	E	F	G	H	I
地震发生时刻	1988.85	1989.35	1992.31	1993.07	1994.03	1995.53	1995.81	1996.09	1996.73
地震前后地下扰动体质心平面位置的移动和对应的时间段	7~8	12~13	17~19	19~20	20~21	25~26	25~26	26~27	27~28
	1987.67	1989.17	1991.25	1992.25	1992.92	1995.42	1995.42	1995.92	1996.17
	1988.33	1989.83	1992.92	1993.25	1993.92	1996.17	1996.17	1996.67	1997.17
	8~10	13~14			21~22				
	1987.83	1989.58			1993.25				
	1988.92	1990.25			1994.17				
点位移动的地面距离(km)	20	30	15	32	20	15	15	31	21
	20	32			20				

表 10.3.1 中列出的 9 次地震中，有 3 次出现了成对的正反向运动的现象(地震 A,B,E)，其他的则是单向的移动。

云南地区的这 9 次地震，震中的位置各异(图 9.1.4)，但是与它们相关的重力场变化和由此推算出来地下扰动体质心的平面位置却始终处于一个有限的范围内(图 10.3.1)，而且这些质心平面位置的运动与地震的发生有关，运动的幅度可达 20~30 千米。

10.4 滇西地区地下扰动体的深度和质量

图 10.4.1 来自表 10.2.2 中的数据，它表示了滇西地区地下扰动体的深度在 1985~1998 年间的变化情况。容易看出，扰动体的深度与地震(A~I)的发生有关。地震发生时地下扰动体的深度往往在 12km 以上。

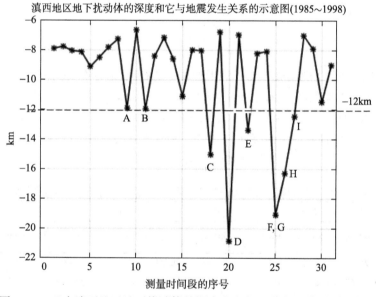

图 10.4.1 云南滇西地区地下扰动体的深度和它与地震发生关系的示意图

滇西地区地下扰动体的深度(实线)与扰动体质量的变化率(虚线，系反向表示，见表 10.2.4)之间存在着相关关系(图 10.4.2)。它们达到极大值的时刻往往一致。

根据这些结果可以得到这样的结论：与京津唐张地区一样，云南滇西地区地下扰动体的深度与地震的发生有关；地震发生时，扰动体深度往往在 12km 以上。这个数值与京津唐张地区的结果相符。

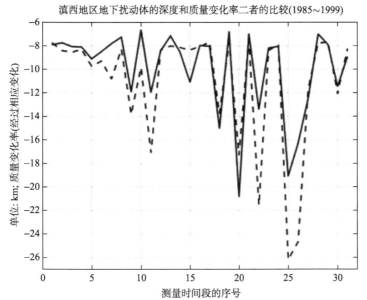

图 10.4.2 云南滇西地区地下扰动体深度和质量变化率(反向表示)的比较图

10.5 滇西地区地下扰动体的质量与它的质量变化率

最后讨论滇西地区地下扰动体的第三个参数, 即它的质量(表 10.2.3)和质量变化率(表 10.2.4)。图 10.5.1 表示了它们在 1985~1998 年间变化的情况。

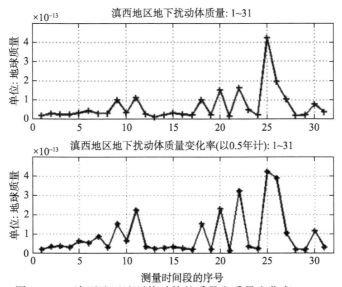

图 10.5.1 滇西地区地下扰动体的质量和质量变化率: 1~31

在第八章中已经说过，应该先把计算得到的地下扰动体质量值换算为相应的质量变化率后才去和地震发生做比较。图 10.5.2 表示了换算后得到的质量变化率和地震发生二者之间的比较。和京津唐张地区一样，滇西地区的这些地震也都发生在地下扰动体的质量变化率达到极值的时候。没有地震时，地下扰动体质量的变化率明显要小，一般在 0.5 年以下(以地球质量的 10^{-13} 为单位，以下同)。

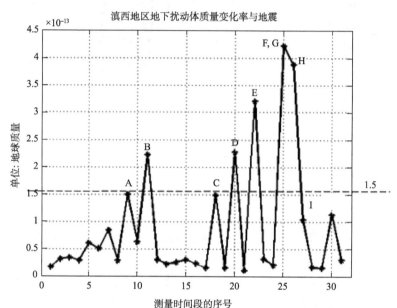

图 10.5.2　云南滇西地区地下扰动体的质量变化率(以 0.5 年计)和地震发生的比较

图 10.5.2 说明，地震发生时往往就是地下扰动体质量的变化率达到极值的时候。相对前面扰动体位置的运动(图 10.4.2)和扰动体的深度(图 10.4.1)而言，质量变化率和地震间的对应关系显得更加显著和明确。另外，重要的还在于它的物理含义。它对理解重力场变化与地震关系的机理是一个重要的事实依据。在实用上则可以把地下扰动体质量的变化率视为地下质量迁移率的一个代表，描述了地震孕育发展过程中地下质量变化的情况，为地震的预测预报提供可用的科学信息。

不过，其他两个参数也都与地震的发生相关联的事实，同样也是很重要的证据。说明所用的模式(地下扰动体)是正确的，得的结果是可信的，是有其物理含义的。否则，不可能会出现这样的结果，即三个参数都和地震的发生相关联。

在实用上，可以把 $1.5 \times 10^{-13}/0.5$ 年(单位：地球质量)作为云南地区 M6 以上地震发生的一个判断标准，即地下扰动体的质量变化率超过这个标准时，该地区就有可能发生 M6 以上的地震。当然，图中的地震 I 是一个例外。不过严格地讲，地震 I 的震级是不够 M6 的(表 9.1.1)。

从滇西地区 1985~1998 年这 14 年的资料(表 10.2.4)来看,质量的变化率(以地球质量的 10^{-13} 为单位)在 0.11/0.5 年(21:1993.25~1993.92)到 4.22/0.5 年(25:1995.42~1995.92)范围内变化,最大值是最小值的 38 倍。现在以它为地下质量迁移的一个代表性参数,和重力场变化强度一起,进一步来探讨它们与地震发生的关系。

10.6 滇西地区重力场重力的变化强度、地下扰动体质量变化率与地震

现在把云南滇西地区三个不同的方面,即重力场重力的变化强度(第 9.8 节)、地下扰动体质量的变化率(第 10.5 节)和云南及其周边的强震(第 9.1 节)在 1995~1998 年这 14 年间的变化过程放在一起比较,看是否能对理解"重力场变化与地震"这个问题提供一些新的思路和启发。

首先在重力场重力的变化强度和地下扰动体质量的变化率二者之间进行比较(图 10.6.1)。它们显然相关联,达到极值的时间是基本一致的。

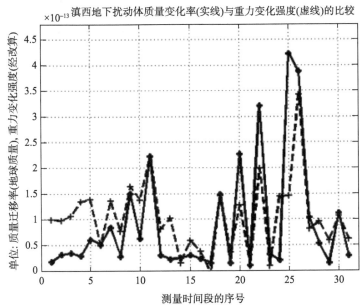

图 10.6.1 滇西地下扰动体的质量变化率(以 0.5 年计)与重力场重力的变化强度:1~31

图 10.6.2 表示地下扰动体的质量变化率、重力场重力的变化强度和地震的发生三者之间的关系。在图 9.9.2 中的表格中已经对重力变化强度与地震发生二者之间在时间上的比较做过具体的分析,这对三者在时间上的比较也是适用的。

图 10.6.2 说明,在京津唐张地区发现上述三者的关系(图 8.6.1)在滇西地区同样

存在。也就是说，两个不同地区都有类似的现象。

　　滇西重力场远离华北的京津唐张地区数千千米，但是地下扰动体、重力场变化和地震的发生三者间的关系是类同的。这说明它们之间的关系是可信的，即地震发生在重力变化的强度、地下扰动体质量的变化率达到极值的时候。因此，8.6 节中对京津唐张地区重力场变化与地震发生关系问题的分析和结论同样适用于滇西地区。

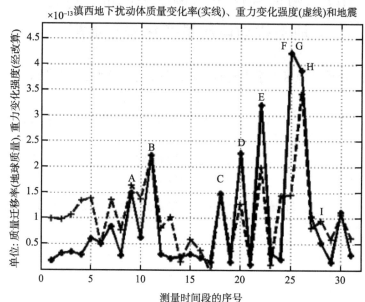

图 10.6.2　滇西重力场重力变化强度、地下扰动体的质量变化率
(以 0.5 年计)和地震：1~31(1)

第十一章　中国华北、云南地区的重力场变化、地下质量迁移与地震

在前面的章节中，分别讨论了在中国华北、云南地区发现的一些与地震发生有关的重力场变化，据此对重力场变化与地震发生关系的问题进行了研究。在这两个地区，很多现象是类同的，彼此间的相互对照更说明了研究结果的可信性。本章将对研究中遇到的一些问题和得到的结果做进一步的分析和讨论。

11.1　重力场变化测量结果中的误差问题

作为一种测量的结果，人们用的重力场变化总是存在着测量误差的影响。特别是像京津唐张、滇西这样的相对重力网，网中误差的积累显著地影响了测量的结果(第二、五、六章)。鉴于这个问题的重要性，有必要在这里再作一些补充说明。

当地下扰动体的质量为 1.98×10^{-13}(单位：地球质量)、深度为 15km、30km 和 45km 时，造成地面重力场变化的最大幅度分别为 35 微伽、8.75 微伽和 3.89 微伽。为方便起见，在图 11.1.1 中用截面曲线来分别对它们进行表示：虚线(15km)、

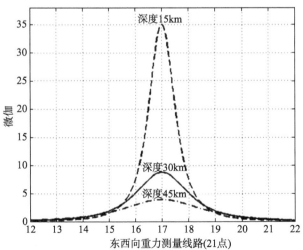

图 11.1.1　地下扰动体质量相同，但深度不同时地面重力场变化的截面曲线
(横坐标的尺度同图 6.2.1)

实线(30km)和点线(45km)。

　　这三条截面曲线用虚线分别表示在图 11.1.2 、图 11.1.3 和图 11.1.4 中。如果重力场变化的结果中不存在任何误差，它们就是人们观测得到的那条曲线 (信号曲线)。但是相对重力网测量结果中存在误差累积的影响(第六章)，这条误差累积曲线在各图中都用同样的实线加点的折线来表示。这时，人们再也不能看到单独的"信号曲线"本身，测量得到的是它们的合成曲线(图中粗实线)，即误差曲线和信号曲线合成以后经过内插平滑处理后的曲线。

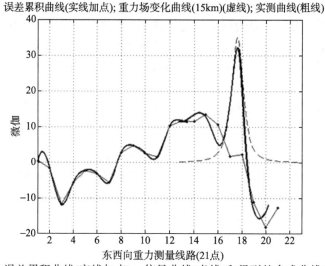

图 11.1.2　误差累积曲线(实线加点)、信号曲线(虚线)和得到的合成曲线(粗实线)(1)

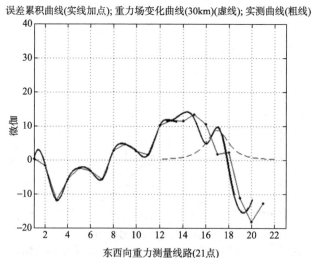

图 11.1.3　误差累积曲线(实线加点)、信号曲线(虚线)和得到的合成曲线(粗实线)(2)

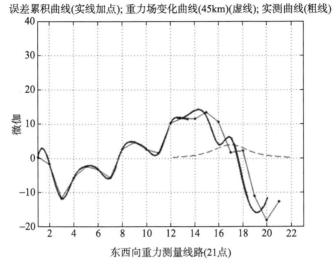

误差累积曲线(实线加点); 重力场变化曲线(45km)(虚线); 实测曲线(粗线)

图 11.1.4　误差累积曲线(实线加点)、信号曲线(虚线)和得到的合成曲线(粗实线)(3)

首先看图 11.1.2。重力场变化信号(扰动体深度 15km)虽然有所变形，但是它的存在仍然很明显，容易被识别出来。但是在后两张图中(扰动体深度分别为 30km 和 45km)，原先重力场变化的信号曲线几乎被误差累积曲线所完全掩盖，很难被识别或甚至不可能被人们发现。

图 11.1.5 给出的几条误差累积曲线也是在同一次模拟计算中随机得到的。看了这些曲线就可以理解为什么深度大的地下质量迁移在实践中难以被发现和被确认。

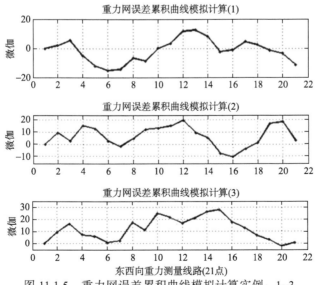

图 11.1.5　重力网误差累积曲线模拟计算实例：1~3

因此对相对重力网来说,重力技术既能也不能发现因地下重力质量迁移而引起的重力场变化。这取决于重力网和地下扰动体本身的情况,其中包括重力网的结构和网点的密度,地下扰动体的深度和质量。对京津唐张、滇西这两个重力网而言,深度不超过15~20km(图8.4.1和图10.4.1)、质量变化率大于 0.5×10^{-13}(地球质量)/0.5年的地下质量迁移(图8.5.2和图10.5.1),还是可能被发现、确认和测定的。

是否可以这样比喻,由于测量误差的存在和累积,相对重力网犹如一个信号"混频器",将重力场变化与测量误差混合在一起。"平面尺度大"误差曲线(图11.1.5)的混入,使得同尺度的重力场变化的"信号曲线"不再容易被识别和被确认。但是对深度有限地下质量迁移所引起的重力场变化,仍有可能发现,对于其相应地下扰动体的测定也就有了可能。

因此,应该根据地区的实际情况和研究的目的来设计重力网,尽可能保留与地下质量迁移有关的信息,做到有的放矢。

顺便再次指出,图11.1.2中"非对称"的信号曲线在第七、九章中与地震发生有关的重力场变化截面曲线中已多次看到(图7.6.1~图7.6.3;图9.7.1~图9.7.3)。懂得了相对重力网中误差的累积,就能理解它们的成因。

重力场变化测量结果中信号与误差并存,重力网的误差,特别是相对重力网中误差的累积,对重力场变化信号的影响,这些都是在研究重力场变化与地震发生关系问题时首先要考虑的。

11.2 与地震发生有关的重力场变化(1)

在中国京津唐张和滇西两个地区都发现了与地震发生有关的重力场变化(第7.6节,第9.7节)。京津唐张地区古冶地震(1995.76,M5)发生前后重力场的变化是一个典型的例子。分析证明它是真实可信的,在地震前后成对出现,形态相似、大小相当但符号相反(第7.3节)。所发现的其他一些与地震有关的重力场变化也都是可信的,并且具有同样的特点(表7.4.1,表9.5.1)。通过对重力场变化过程的观察(第7.5节,第9.6节),对它们的可信性有了进一步的体会。

由于观测次数有限,和地震发生时间最靠近那次重力观测往往偏离了地震发生的时刻。因此"地震前"或"地震后"发生的重力场变化是一种近似的说法。但这并不影响对它们可信性的分析。可以这样设想,如果在地震发生时能有观测,就能观测到地震发生时重力变化的最大值,信噪比分析的结果可能会更好。

相比以往的概念,在这两个地区发现与地震发生有关重力场变化的地点有些出乎意外。地震震中的分布各异,但它们却集中在地区的一方,面积有限的一个小范围内。这也就是说,地区存在着一个对地震发生敏感的地方。每次地震,都能在这个地方找到与地震发生有关的重力场变化。这个现象值得注意,尽管目前还无法给出解释(第11.3节)。

这些重力场变化结果已经可以证明，京津唐张、滇西这两个地区都存在着与地震发生有关的重力场变化。它们的平面尺度(第三章)都比较小(25~35km)。是否还存在着平面尺度更大但和地震发生也有关的重力场变化？理论上说，这种可能性不仅存在，并且很大。但对京津唐张和滇西这样的相对重力网来说，由于网中测量误差的积累(图 11.1.3 和图 11.1.4)，它们是难以被发现和确认的。

11.3　与地震发生有关的重力场变化(2)

像上述这种逐个去寻找与地震发生有关的重力场变化的方法外，是不是还可能在重力场变化整个数据中找到一种与地震发生有关的信息？以往在研究单个地震事件时，注意的往往只是地区中一个小范围内的局部重力场变化：重力是否显著变化、形态特征、重力变化的梯度等，对整个地区重力场变化的情况往往并没有加以注意。

本书在京津唐张、滇西这两个地区重力场变化的数据中找到了一个与地震发生有关的参数，这就是重力场重力的变化强度(第 7.7 节、7.8 节)。这个参数由整个重力场变化的数据通过计算得来。它所反映的已不再是区域内某个局部小区域重力场的变化，而是整个区域重力场重力变化的强烈程度("重力场重力的变化强度"，或简称"重力变化强度")。研究证明，在这两个地区分别长达 12 年和 14 年的时间里，计算得到重力变化强度的时间序列与各自地区内地震的发生密切关联。每当重力变化强度达到极值的时候，地震发生。

以云南滇西地区为例，图 11.3.1 是 14 年间(1985~1999 年)该地区重力变化强度

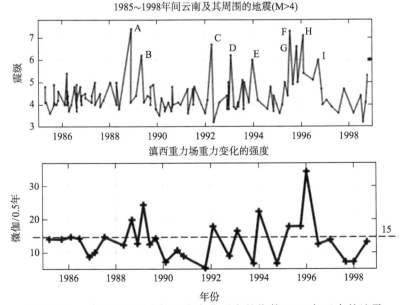

图 11.3.1　滇西地区重力场重力变化强度的指数(1:31)与云南的地震

指数与云南地震(M>4)的对照比较图。显然,强震(M>6)发生时重力变化的强度一般都大于15(微伽/0.5 年),并且其达到极值的时间段与地震发生的时间相符(图 9.9.1)。

因此,重力变化强度的时间序列不仅反映了离散的地震事件的发生,还能对地区整个系列地震的孕育、发展、发生和发生后的全过程做出描述。

有了在单个地震事件发生前后发现的这些重力场变化(第 7.6 节、9.7 节),再加上图 11.3.1 中所示这种从重力场变化结果计算得到的重力变化强度指数,京津唐张、滇西两个地区重力场变化与地震发生关系的问题应该是清楚的:这两个地区存在着与地震发生有关的重力场变化。

11.4　对重力场重力变化强度问题的研究

在 11.2 节谈到地震前后重力场的变化和地区重力变化强度两个有联系的现象时,一个问题是如何理解它们之间的关系。为此,有必要对重力场重力变化强度问题做一些研究。

相比京津唐张重力网,滇西重力网的分布更为方正,网点密度也比较均匀。现以它为代表对此做研究。

图 11.3.1 中重力变化的强度曲线是根据整个重力网 3°×3°面积内的全部重力变化数据计算的(图 9.1.2)。现在对 3°×3°的范围进行不同的分割,对分割后小区域内各自的数据也进行同样的计算。将分别得到的重力变化强度曲线(以下称"强度曲线")与图 11.3.1 所示的强度曲线(以下称"总强度曲线")进行比较,计算其相关系数。各小区域的范围和它们的强度曲线与总强度曲线的相关系数分别表示在图11.4.1、图 11.4.2 中。

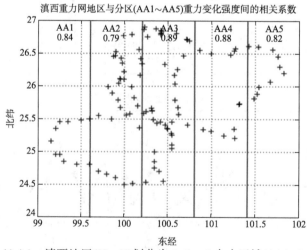

图 11.4.1　滇西地区(3°×3°)划分为 1×5 = 5 个小区域(AA1~AA5)

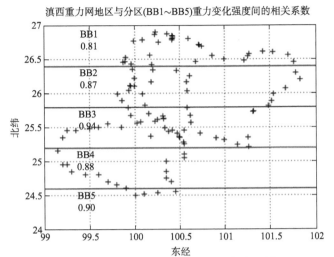

图 11.4.2　滇西地区(3°×3°)划分为 5×1 = 5 个小区域(BB1~BB5)

将各小区域的强度曲线和全区域的总强度曲线进行比较，见图 11.4.3 和图 11.4.4。

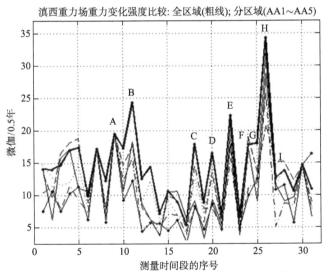

图 11.4.3　滇西重力场重力变化强度曲线间的比较(1)

图 11.4.3 和图 11.4.4 说明，各小区域计算得到强度曲线与总强度曲线之间的相关性很强(相关系数范围为 0.79~0.94)，特别是它们出现极值点的时间段与地震发生时刻间的对应关系并没有因为被分割而有明显的变化。每次地震发生时基本上都能在强度曲线中找到与它相对应的极值点，尽管也有一些与地震发生无关的"极值点"。取样数据面积变小以后误差的影响可能变大，这是可以理解的。

现在把整个区域划分得更小，得到 5×5＝25 个小区域(图 11.4.5)。这时，各小区域的强度曲线仍然与总强度曲线相关，但系数变小。即使这样，不少小区域(如 C3 和 D4)的强度曲线仍然能和总强度曲线保持着良好的对应关系(图 11.4.6)。当然，也有差的，如 A1 和 E4(图 11.4.7)。它们位于重力网的边缘或甚至网外，其重力场变化由网内数据外推而来，误差的影响更大，这是可以理解的。

地面重力、重力场的变化是地下物质变化运动的反映。地面上的一个区域，大小不同，地点不同，但计算出来的强度曲线却如此相关，甚至有时幅度都相当，这在说明些什么？

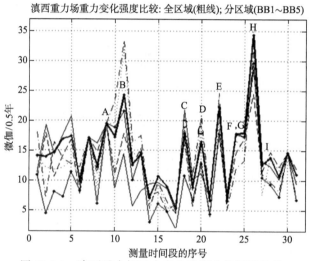

图 11.4.4　滇西重力场重力变化强度曲线间的比较(2)

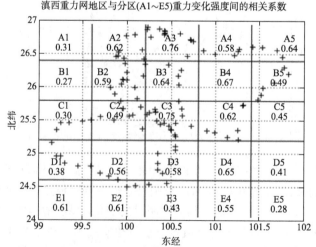

图 11.4.5　滇西重力网地区(3°×3°)划分为 5×5 = 25 个小区(A1~E5)

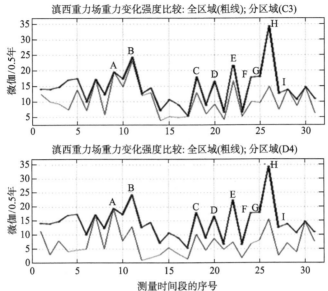

图 11.4.6　滇西重力场重力变化强度曲线间的比较(3)

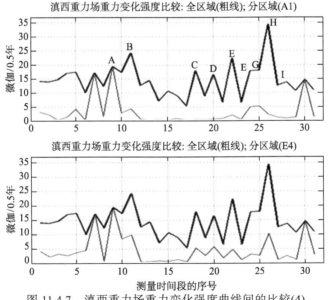

图 11.4.7　滇西重力场重力变化强度曲线间的比较(4)

最初在定义重力场重力的变化强度时，只是想用一个计算得到的数学参数把重力场的变化情况在时间域里反映出来(第 7.7 节)。上面的这些事实告诉人们，这个计算出来的数学参数是有其物理的意义。否则，不同地区计算的强度曲线不可能表现出如此相似。因此可以推断，重力场重力的变化强度是一个含有物理意义的参数，它反映的是地下物质变化运动剧烈的程度。

地区不同但计算的参数却基本相同,这说明地下物质变化运动的范围是大的,是在几万平方千米范围内互相联系着的一个整体。地方不同,地下物质变化运动的剧烈程度可能不同,但是变化的节奏,达到极值的时间却是一致的。

可以设想,地下物质的变化和运动既有水平方向的,也有垂直方向的。如果地区内有一个地方,地质结构的原因,地下物质能够上升到更加接近地面的地方,因此每次地震时都会在那个地方产生较其他地区更为明显的重力场变化。如果是这样的话,前节谈到的现象,为什么各次地震发现的重力场变化都集中在地区一个特定的地方(敏感区),就有了一种可能的解释。

重力场重力变化的强度曲线与地震发生相关(京津唐张:图 7.8.4;滇西:图 9.9.1),又与地下扰动体质量变化率的时间序列相关(京津唐张:图 8.6.1;滇西:图 10.6.2)。这说明这三个过程,即重力场变化、地下质量迁移和地震的发生是相关的。既然如此,重力场重力变化的强度曲线就成为与地震有关的一个参数,不仅可以为地震事件的出现提供信息,也能为描述地震孕育发生的全过程提供一种依据。总之,它是一种与地震有关的科学参数。

对京津唐张地区也进行了平行的研究。京津唐张重力网的结构虽差于滇西重力网(图 11.4.8),但得到了同样的研究结论。图 11.4.9 是一个实例,相互独立的两个区域(A 和 B)计算得到的强度曲线对应良好(相关系数 0.74)。

滇西、京津唐张两个不同的地区,南北相差数千千米,同样的现象,相互印证。对重力场变化与地震发生关系的问题来说,提供了一份有力的证据。

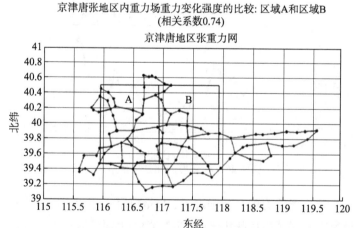

图 11.4.8　京津唐张地区计算重力场重力变化强度时不同的数据取样范围:
区域 A 和区域 B

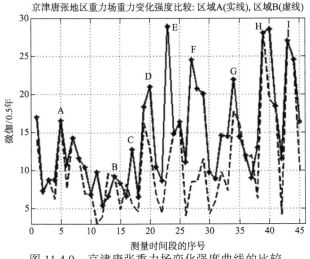

图 11.4.9　京津唐张重力场变化强度曲线的比较

11.5　关于地下扰动体和对它的测定和计算

把地面重力场变化和地震二者关系问题的研究扩展为三方，即重力场变化、地震和地下质量迁移以后，一个必须要解决的问题是用什么去代表这个第三方？

目前还不能对地下物质变化和运动进行直接的观察和测量。人们能得到的唯一信息是它在地面上的反映，即地面重力场的变化。这是可以通过重力观测来得到的。

既然地面上的重力场变化是地下质量迁移的一种表现，那么如何才能从前者得到后者的信息呢？

本书提出用一个有质量的地下点源，"地下扰动体"来代替"地下质量迁移"，只要它在地面能造成同样的重力场变化。这样，就以它代表那个抽象的"地下质量迁移"来参与研究。它与地面重力场变化之间的数学关系是确定的。可以从已知的重力场变化来计算这个扰动体(点源)的三个参数：地理位置、深度和质量；也可反过来，从这个点的三个参数来推算重力场的变化。

这样，这三方面(地下扰动体、重力场变化和地震)的关系就成为一个可研究的对象。

问题在于这样做了以后，在实际中是否可行，是不是多解，对重力场变化与地震关系的研究是否带来了好处？本书用事实回答了这些问题，答案是肯定的。

地下扰动体的第一个参数(地理位置)可以从重力场变化的结果中直接得到，在这种情况下，它的其他两个参数(深度和质量)就可以从重力场变化本身中直接求得，并且是唯一解。但是，当重力场变化的测量结果是由像京津唐张、滇西这样的相对重力网得来的时候，由于网中误差的累积，问题复杂化(第五、六章)。可是，根据

第三章中所述的计算次序和方法，还是可以得到扰动体的深度和质量，并且仍然是唯一解。本书中有近百个实例，证明这种方法是行之有效的。由于这是在特定条件下进行的一种测量，书中称它为"测定和计算"(有时也简称为"测定")。其意思是，深度是测定的，质量是而后才进行计算的。特此说明。

实践证明，用地下扰动体这个数学模式对深度、质量都有限的地下质量迁移进行描述，在实践上是可行的，得到的结果是可信的。

顺便再次说明一下地下扰动体平面位置与重力网点位置的关系问题。"当二者真正重合时这才是对的，在其他情况下这只是一种近似"(第 7.6 节)。这同时也就解释了为什么还会有一些地下扰动体，它们的位置并没有完全与网点重合。因为它们都由测量而来，测量的方法、测量的图形和不可避免的测量误差都会对点位产生影响。

11.6　中国京津唐张、滇西地区地下扰动体质量的变化率、重力场重力的变化强度和地震

这里，对京津唐张、滇西两个不同地区地下扰动体质量变化率、重力场重力变化强度和地震三者间的关系做一个总结(图 11.6.1)。

图 11.6.1 说明，中国的京津唐张地区和云南的滇西地区，地下扰动体质量的变化率、重力场重力的变化强度和地震的发生三者之间是相关联的。这对证明这两个地区地震发生前后确有重力场的变化，对理解重力场变化与地震发生关系的内在联系，都能提供些什么依据呢？

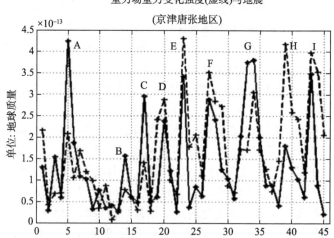

京津唐张、滇西地区地下扰动体质量变化率(实线)、
重力场重力变化强度(虚线)与地震

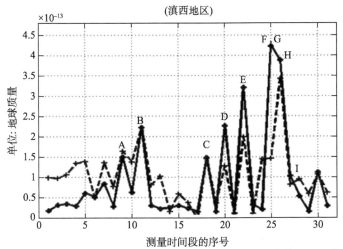

图 11.6.1 地下扰动体质量变化率(实线)、重力场重力变化强度(虚线)和地震(A~I)三者关系的示意图(图中纵坐标的单位所对应的是地下扰动体的质量变化率(以 0.5 年计),重力变化强度曲线经过换算,它的单位并没有标出)

这两个地区地震发生前后重力场发生了变化,这在讨论个别地震事件时都已经找到了证据(第 7.3~7.5 节;第 9.5~9.6 节)。在随后发现的重力场重力变化强度与地震有关,进一步给出了二者在时间域中关联的证据(图 7.9.1 和图 9.9.2)。地下扰动体质量的变化率与地震的发生有关(图 8.5.2 和图 10.5.2),同时又与重力场重力变化强度有关(图 8.6.1;图 10.6.2)。这些结果不仅对重力场变化与地震发生关系的问题给出了证据,更给理解二者间关系的内在联系提供了依据。

地面上的重力场变化是地下质量迁移的反映,后者是因,前者是果,这在概念上是明确的。现在根据京津唐张、滇西两个地区的实测数据把这个关系具体地表示了出来。

至于地下质量迁移和地震发生之间的关系,只有两种可能性:它们是相关联的和它们是互不关联的。现在通过这两个地区地下扰动体的参数,特别是这两个地区的质量变化率,把地震的发生与地下质量迁移之间的关联具体地表示出来。地震往往发生在地下质量迁移率达到极值的时刻。

既然地震的发生与地下质量的迁移相关联,而重力场的变化又是地下质量迁移的反映,那么地面重力场的变化也就表现为与地震的发生有关。这就是重力场变化与地震发生关系的内在联系。

11.7 几 点 思 考

将原先的二方扩展成三方,即重力场变化、地下质量迁移和地震,并对这三个方面在一段时间里(12 年或 14 年)相互间关系的全过程进行研究得到了它们之间关系清晰的图像。根据这些事实，在这里提出几个值得思考的问题，供读者参考。

(1) 无论是京津唐张还是滇西地区，都发现了一些与地震发生有关的重力场变化。值得注意的是它们的地点，分别集中在地区特定一个面积不大的范围内(图 8.3.2 和图 10.3.1)。对这种现象目前虽然还无法解释(第 10.3 节；第 11.3 节)，但是已经可以提出了这样一种可能性，即不一定再像过去那样来布设重力网。是不是可以在这些对地下质量迁移和地震发生敏感的地方多布点，增加点的密度和对它们观测的频度。也许地球也像人体一样，有她的"穴位"。如何提高重力网对地下动态的感知能力，进而提高对地震预测预报的能力，做到少花钱多办事，是一个有意义的研究课题。

(2) 现在看来，顾功叙教授等在 1997 年发表的论文中所提出的建议，其方向是正确的，目的也是可能达到的(顾功叙等，1997)："近地下水，地下流体和重力变化三者同步监测，加上模式的配合，看起来是相当有益的，它能提前提供有价值的地震孕育和发生的信息"。

在这里要补充的是，将"地下水，地下流体"扩展成"地下质量迁移"；将地面一点的"重力变化"扩大到一个区域的"重力场变化"，以克服单个重力台站无法对空间域中物质的动态进行监测的缺点；以适当的模式将重力场变化、地下质量迁移的信息数字化。这样的连续监测就有可能"提前提供有价值的地震孕育和发生的信息"。

(3) 在汶川地震后召开的第 388 次香山科学会议上(科学时报，2011 年 3 月 5 日)提出"将地震监测从地面发展到四维"，"从空中、地面和地下动态监测地震孕育、发展各阶段的有效前兆"。由于地下物质的任何动态都会在地面重力、重力场的变化中表现出来，因此通过对它们的监测就能得到地下物质动态的信息；如果这种监测是连续的，那就是地下动态过程的信息。对地震的研究来说，连续重力监测所能提供的将不仅仅是一般意义上的地震预测预报信息，而是地震孕育、发展、发生和发生后全过程的信息，其中包括了地震将发生，或不会发生的信息。重力技术在这方面的地位和作用是任何其他技术所不能取代的。鉴于此，应该对重力技术在地震研究，包括在整个地学研究中应有的地位与作用有更清晰的认识，下更大的力气，切切实实地将研究工作进行下去。

(4) 通过讨论，我们看到了测量误差的存在、重力网中它的累积和对重力场变化测量结果的影响，有时还是严重的影响，但是也应看到事情的另一面。只要解决好误差的问题，地面重力测量得到的结果仍然是有用的。顾功叙教授等的工作就是一个例子。根据一台固体潮汐重力仪连续观测的资料做研究，就不存在误差的积累问题。得到了很好的研究结果：如"伴随地震孕育和发生有关的重力变化基本图像""已经呈现出来"；发现了地下流体，"包括近地表水和分布在地壳所有深度上的地下流体,对地震的孕育和发生的过程中局部重力变化所起的作用"(顾功叙等,1977)。那么,利用长期以来积累的大量重力观测数据,数千个重力点和数十年的连续观测,再采用"大数据"的分析研究方法,把研究工作再推进一大步是完全可能的。

(5) 本书中发现的一些现象,如第(1)点中提到存在对地震、地下质量迁移敏感的地区,11.4 节中地区不同地方不同,但得到的地下动态仍然相关等。京津唐张、滇西两个地区相距数千千米,同时都发现了这些现象,应该不是偶然。对它的确认和解释似乎不是单门学科能做到的。期待着有关学科的共同努力和有趣研究结果的出现。

(6) 地震的预测预报确实是一个"世界难题"。期待某一种技术能够包打天下是不现实的。但是,如何进一步发挥重力技术的作用,是当前应该而且是可能做好的一件事。

参 考 文 献

安徽省地震局. 1978. 宏观异常与地震. 北京：地震出版社.

陈立德, 罗平. 1997. 1995 年 7 月 12 日云南孟连中缅边界 7.3 级地震中短、临预报及前兆异常. 地震, 1.

陈素该, 赵向军, 黄拓.1987. 宁夏灵武 5.3 级地震前后的重力变化.地壳形变与地震, 7(4): 334-340.

陈一文. 2010. 地震预报 40 年：从"精确到分钟"到"不能预报". 文史参考, 10.

陈益惠, 吴雪芳, 贾民育, 等. 1994. 重力异常核实、预报地震指标和监测地震能力的估计. 319-332.

陈运泰, 顾浩鼎, 卢造勋. 1980. 1975 年海城地震与 1976 年唐山地震前后的重力变化. 地震学报, 2(1): 21-22.

陈运泰, 刘克人, 郑金涵, 等. 2002. 局部重力场变化与地震发生的关系合作研究课题的回顾//理论与应用地球物理进展. 北京: 气象出版社, 40-47.

董德. 1996. 测绘学公式集. 北京：星球地图出版社.

方俊. 1975. 重力测量学与地球形状学(下册). 北京：科学出版社.

傅承义, 陈运泰, 祁贵仲. 1985. 地球物理学基础. 北京：科学出版社.

高建国. 2009. 记住那些成功的地震预报. 中国国家天文, 000(009): 82-85.

顾功叙, Kuo J T, 刘克人, 等. 1997. 中国京津唐张地区时间上连续的重力变化与地震的孕育和发生. 科学通报, 42 (18): 1919-1930.

郭俊义. 1994. 物理大地测量学基础. 武汉：武汉大学出版社.

郭禄光, 樊功瑜. 1985. 最小二乘法与测量平差. 上海：同济大学出版社.

郭绍忠, 李丽清.1997. 丽江 7.0 级地震地下流体异常特征.地震研究, 20(1)：117-124.

海力. 1996. 乌鲁木齐地区重力非潮汐变化及其与地震活动的关系. 地壳形变与地震, 16(4): 71-78.

何绍基. 1957. 重力测量学. 北京：测绘出版社.

胡辉, 李永生, 王锐.1988.云南天文台时纬残差与昆明周围强震. 地球物理学报, 31(4): 483-485.

华昌才, 果勇, 刘瑞法, 等. 1995. 京津唐地区的重力变化.地震学报, 17(3): 347-352.

华昌才, 沈阳晶, 郭凤义, 等. 1987. 京津唐地区的重力变化.地震学报, 9(3): 319-325.

华昌才, 郑金涵, 刘瑞法. 1992. 大同-阳高地震重力异常.地震学报, 14(3): 369-372.

贾民育. 2000. 微重力测量技术的应用.地震研究, 23(4)：452-456.

贾民育, 刘敬宽, 吴兵.1985.论唐山地震前重力变化的可靠性.地壳形变与地震, 5(3)：249-257.

贾民育, 马丽, 刘少明, 等. 2006. 首都圈地区重力测量数据的统一处理与分析. 地震学报, 28(4)：408-416.

贾民育, 孙少安. 1992. 滇西实验场的重力变化与地震关系研究. 中国地震年鉴(1991), 北京：地震出版社, 347-350.

贾民育, 邢灿飞, 李辉. 1999. 绝对重力测量在云南和北京观测到的时间变化. 中国地震, 18(1), 01: 57-67.

贾民育, 邢灿飞, 孙少安. 1994. 滇西实验场的重力资料的最佳解. 地震学报(专刊): 100-108.

贾民育, 邢灿飞, 孙少安. 1995. 滇西重力变化的二维图像及其 5 级(M5)以上地震关系. 地壳形变与地震, 15(3)：9-19.

江在森, 闻学译, 张晶, 等. 2017. 大地震中长期危险区和地震大形势预测关键技术研究. 北京：地震出版社.

江在森, 张希, 张晶, 等. 2013. 地壳形变动态图像提取与强震预测技术研究. 北京：地震出版社.

蒋福珍. 1998. 华北地区重力场变化与构造运动的关系. 地壳形变与地震, 18(1): 38-45.

兰州地震大队. 1976. 气象与地震. 北京：地震出版社.

李德威. 2011. 地球系统动力学与板内热地震成因及立体监测——第 388 次香山科学会议报告. 科学时报.

李辉, 付广裕, 李正心. 2001. 重复重力测量结果计算垂线偏差的时间变化. 地震学报, 23(1)：61-66.

李辉, 付广裕, 孙少安, 等. 2000. 滇西地区重力场动态变化计算. 地壳形变与地震, 20(1)：60-66.

李辉, 刘冬至, 刘绍府. 1991. 地震重力监测网统一平差模型的建立. 地壳形变与地震, 11(Sup): 68-74.

李清林, 张文玉, 张瑞敏. 1997. 太原和灵石地震前后的重力场变化及其成因初探. 地壳形变与地震, 17(4): 21-56.

李瑞浩. 1988. 重力学引论. 北京：地震出版社.

李瑞浩, 黄建梁, 李辉, 等. 1997. 唐山地震前后区域重力场变化机制. 地震学报, 19(4): 399-407.

李月峰, 丁行斌. 2005. 用重复重力测量测定垂线偏差时的精度. 天文学报, 46(4)：460-473.

李正心. 1986. 地球自转参数的重新归算. 上海：上海科学技术出版社.

李正心. 1995. 华盛顿海军天文台天顶筒纬度观测残差与厄尼诺、南海涛动现象的相关性. 天文学报, 36(1)：47-52.

李正心. 2020. 重力场变化与地震. 北京：科学出版社.

李正心, 李辉. 2008. 1987~1998 年间唐山铅垂线变化与其与周围地震的关联. 中国科学 D 辑, 38(4)：432-438.

李正心, 李辉. 2011. 唐山地区铅垂线变化与地震前后地下物质变化的关系. 地震学报, 33(6)：817-827.

李致森, 张国栋, 张焕志. 1978. 天文测时测纬的一段时间异常与台站附近强震的对应关系. 地球物理学报, 21(4)：278-290.

力武常次. 1971. 地震预报. 北京：科学出版社.

刘长海. 1997. 苍山 5.2 级地震前皖东东北和皖苏交界地区重力场的数据变化.地壳形变与地震, 17(1): 109-111.

刘冬至, 李辉, 刘绍府.1991. 流动重力测量数据处理系统(LGAD)//地震预报方法实用化研究文集. 北京：地震出版社, 330-350.

刘克人, 刘瑞法, 卢红艳, 等. 1999. 对 1998 年重力地震预测的回顾及对 1999 年的预测. 地震地磁观测与研究, 20(1A)：134-137.

刘克人, 刘瑞法, 郑金涵, 等. 1998. 1991~1997 年首都圈重力变化与地震预测. 地震地磁观测与研究, 19(1A)：100-106.

刘克人, 郑金涵, 郭宗汾, 等. 2002. 京津唐张地区的流动重力测量与修改的联合膨胀模型//"庆贺郭宗汾教授八十寿辰"暨理论与应用地球物理研讨会论文集.

卢红艳, 郑金涵, 刘瑞法, 等. 2004. 1985 ~ 2003 京津唐张地区重力变化.地球物理进展, 19(4): 887-992.

罗葆荣. 2002. 云南天文地震学的研究进展.云南天文台台刊, (1): 47-53.

马丽, 李志雄. 1994.北京及其周围地区重力重复测量资料的研究. 地震地磁观测与研究, 15(5)：10-17.

牛安福. 2005. 我国地形变观测预报地震的现状及对地震预测问题的思考. 中国地震局科学技术委员会办公室.

浅田敏. 1987. 地震预报方法. 北京：中国地质出版社.

邱泽华, 张宝红. 1992. 唐山 7.8 级地震的震前趋势变化为什么加速. 地震地质, 14(4)：369-373.

申重阳, 李辉, 付广裕.2003. 丽江 7.0 级地震重力前兆模式研究.地震学报, 35(2): 163-171.

四川省地震局. 1979.1976 年松潘地震. 北京：地震出版社.

孙少安, 项爱民, 李辉.1999.滇西和北京区域重力场演化与其与地震关系的探讨. 地震, 19(1)：97-105.

孙枢. 2002. 理论与应用地球物理进展. 北京: 气象出版社, 167-178.

唐锡仁. 1978. 中国地震史话. 北京：科学出版社.

陶本藻. 1984. 自由网平差与变形分析. 北京：测绘出版社.

江在森, 祝意青, 汪庆良, 等. 1998. 永登 5.8 级地震孕育发生过程中的断层形变与重力场动态图像特征.地震学报, 20(3): 264-271.

王双绪, 江在森. 1997. 丽江 7.0 级和唐山 7.8 级地震前形变动态变化演化与异常特征.地壳形变与地震, 17(4)：40-45.

王志敏, 王域, 吴兵.1990. 北京地区活动断裂带是的重力变化的研究.地壳形变域地震, 10(4)：15-24.

吴国华, 罗剑寒, 李风艳, 等. 1991. 滇西实验场重力变化与地震关系研究报告//滇西实验场研究文集第 2 辑，北京：地震出版社.

吴国华，罗剑寒，刘兆俊，等. 1989. 滇西重力场重力变化与地震关系研究. 云南地震局.

吴国华，罗增雄，赖群. 1997. 丽江 7.0 地震前后滇西实验场的重力异常变化特征.地震研究，20(1)：101-107.

吴国华，罗增雄，罗为民，等. 1995. 云南孟连中缅边境 M7.3 地震前滇西重力场的重力变化. 地震，18(2)：146-154.

希洛夫. 1955. 最小二乘法. 郑州：中国人民解放军信息工程大学测绘学院.

徐好民. 1989. 地光探源. 北京：地震出版社.

许厚泽.2003. 重力观测在中国地壳运动观测网络中的作用.大地测量与地球动力学，23(3)：1-3.

张国安，陈德福，陈耿其，等. 2002. 中国地壳形变连续观测的发展与展望.地震研究，4(25)：383-390.

张国栋，韩延本，赵复恒. 2002. 从天文观测提取地震前兆信息. 地震学报，24(1)：75-81.

张家志. 1987. 1982 年海原 5.5 级地震前后的重力场特征.地壳形变与地震，7(2)：121-124.

张晶.1996. 中强震前重复流动重力异常的模糊识别. 地壳形变与地震，16(4)：66-70.

周硕愚，吴云，江在森，等. 2017. 地震大地测量学. 武汉：武汉大学出版社.

周友华，童迎世，肖海. 1999. 从地形变资料探讨丽江 7.0 级地震的前兆特征.地震研究，22(1)：17-25.

朱皆佐，汪在雄. 1978. 松潘地震. 北京：地震出版社.

祝意青. 1996. 北祁连山地区震前重力场变化特征.地壳形变与地震，16(2)：58-62.

祝意青，胡斌，张永志.1999. 永登 5.8 级地震前后的重力场形态图像特征研究.地壳形变与地震，19(1)：71-77.

祝意青，梁伟峰，徐云马，等. 2010. 汶川 M8.0 地震前后的重力场动态变化.地震学报，32(6)：633-640.

祝意青，刘芳，郭树松.2010. 玉树 Ms7.1 地震前的重力变化.大地测量与地球动力学，31(1)：1-4.

祝意青，王双绪，江在森，等. 2003. 昆仑山口西 8.1 级地震前重力变化. 地震学报，25(3)：291-297.

Barlik M, Rogowski J B. 1989. Variations of the plumb-line direction obtained from astronomical and gravimetric observations. PraceNaukPolitechWarsz, 33: 18-101.

Barlik M. 1996. Variations of the plumb-line at Jozefoslaw from gravimetric determination in 1995. Latitude Circular 118, Warsaw University of Technology, 5-6.

Barnes D F. 1966. Gravity changes during the Alaska earthquake. Journal of Geophysical Research, 71: 451-456.

Behr H J, Han D Y. 1995. KTB development and experience applicable in continental drilling technology.成都理工学院学报(增刊), 63-65.

Fujii Y. 1966. Gravity changes in the shock areas of the Niigate earthquakes 16, June 1964. Zisin, 19.

Geller J G, Jackson D D, Kagan Y Y, et al. 1997. Earthquakes cannot be predicted. Sciences, 275: 1616-1617.

Goodkind J M. 1986. Continuous measurement of nontidal variations of gravity. Journal of

Geophysical Research, 91(B9): 9125-9134.

Han S C, Riva R, Sauber J, et al. 2013. Source parameter inversion for recent great earthquakes from a decade-long observation of global gravity fields. Geophys. Res. Solid Earth, 118: 1240-1267.

Han S C, Sauber J, Pollitz F. 2016. Postseismic gravity change after the 2006–2007 great earthquake doublet and constraints on the asthenosphere structure in the central Kuril Islands. Geophys. Res. Lett., 43: 3169-3177.

Hunt T M. 1970. Gravity changes associated with the Inangahus earthquake. New Zealand Journal of Geology and Geophysics, 13:1050.

International Association of Geodesy. 1996. Structure of the international association of geodesy for the period 1995-1999. J Geod (His Arch), 70(12): 906-908.

International Astronomical Union. 1991.Application of optical astrometry time and latitude programs. Trans Int Astron. Union, 209.

Kimura C. 1925. A change of vertical amounting to 0.18" must have taken place at Mizusawa, Bull. Geod.ANNEE, 535-537.

Li Z S, Zhang G D, Zhang H Z, et al. 1978. Acta Geophysica Sinica, 21: 278-291.

Li Z X. 1996. Correlation of the astrometric latitude residuals at Mizusawa and Tokyo with the southern oscillation index on an interannual time scale.Astron. Astrophy, 309: 313-316.

Li Z X. 1998. Measurement of interannual variation of the vertical at Jozefoslaw by astrometric and gravimetric observations.Astron. Astrophys. Suppl. Ser, 129: 353-356.

Li Z X. 2008. Non-tidal vertical variations and the past star catalog. A Giant Step: From Milli- to Micro-Arcsecond Astrometry. Proceed. IAU Symposium, 248: 108-109.

Li Z X, Chen Y F, Chang X Q. 1992. Astrometric Latitude and Time Observational Database at Shanghai Observatory, Proceed. IAU Symposium, 156.

Li Z X, Gambis D. 1994. Relationship between the astrometric z-term, the Earth rotation and the Southern oscillation index.Astron. Astrophys, 290: 1001-1008.

Li Z X, Li H, Li Y F, et al. 2005. Non-tidal variations in the deflection of the vertical at Beijing Observatory.Journal of Geodesy, 78: 588-593.

Li Z X, Li H. 2009. Earthquake related gravity field changes at Beijing-Tangshan gravimetric network during 1987-1998. Studia Geophysica et Geodaetica, 53: 185-197.

Li Z X, Ping J S, Yang Y Z, et al. 2014. Some mass migration underground found in Beijing area. Journal of Geosciences and Environment Protection, 99-107.

Li Z X, Qian C X. 1995. Annal of Shanghai Observatory, Academy Sinica, No. 16.

Oliver H W, Robbins S L, Grannell R B, et al. 1972. Surface and subsurface movement determined by remeasuring gravity. San Fernando earthquake of February 9, 1971. California Division of Mines and Geology, Bulletin, 196.

Panet I, Bonvalot S, Narteau C, et al. 2018. Migrating pattern of deformation prior to the Tohoku-Oki earthquake revealed by GRACE data. Nature Geoscience, 11: 367-373.

Tanaka Y, Heki K, Matsuo K, et al. 2015. Crustal subsidence observed by GRACE after the 2013 Okhotsk deep-focus earthquake. Geophys. Res. Lett., 42.

Tanaka Y, Okubo S. 2001. First detection of absolute gravity change caused by earthquake. Geophysical Research Letter, 28(15): 2979-2981.

Torge W. 1993. 重力测量学. 北京：地震出版社.

后　记

　　1991 年 5 月我去巴黎天文台参加地球自转的一次国际会议，会后时任国际时间局局长的 Martine Feissel 博士找我谈了一次话。她对我讲新技术已全面取代了地面光学天文技术，今后发表的地球自转结果中将不再有它的贡献。但是光学天文技术对铅垂线变化的敏感是所有其他技术所没有的。现在应该开始对它的这一项特殊功能进行专门的研究。接着她建议我接受这项研究任务，她说"中国多地震，政府支持这项研究的可能性大"。她的一番话让我感同身受。我接受了她的建议并向上海天文台做了汇报，得到了叶叔华台长的赞同和支持。

　　为了推进这项研究，Feissel 博士当即作了很多努力。作为国际天文学联合会(IAU)19 委员会(地球自转)的主席，她在该年夏天举行的 IAU 第 21 次全会上力主通过决议，建议中国科学院上海天文台继续收集光学天文的观测资料并进行这方面的研究。接着她又以国际大地测量协会(IAG)第 5 委员会(地球动力学)主席的身份，在不久后召开的 IAG 第 20 次全会上力推成立"专门研究组"。从此，我就全程参加了这个专门研究组，前后共 8 年时间(后期担任研究组主席(1995~1999 年))。这就是我介入铅垂线变化研究的起因。

　　研究工作从铅垂线变化和地学现象的关系开始，用的是天文技术得来的铅垂线变化。结果证明它确与地球物理众多现象有关，其中包括地震的发生。但是天文资料的地理分布有限，观测精度也不够高，难于取得合乎理想的结果。在这种情况下尝试了一条新的研究路线，即从重力场变化的资料中计算铅垂线变化，然后去研究，取得了一些初步的研究结果。为了使研究结果能够更容易被人们所接受，研究工作进入了第二个阶段，不再通过铅垂线变化这个人们还不大熟悉的东西，对重力场变化与地震发生之间的关系直接进行研究。就这样，我进入了一个原先并不熟悉的领域。本书就是对这一部分研究工作的总结。

　　现在提笔写这篇《后记》，已经过去了 27 年。从天到地，再到地下；从铅垂线变化、地面重力场变化到地下质量的迁移；从地球物理的方方面面到地震；从地面铅垂线、重力场变化到对地下动态和结构的探索，在这漫长的研究过程中遇到的许多人和事令我难以忘怀。

　　在整个研究过程中，曾先后得到国家自然科学基金 9 年的支持，美国自然科学基金(NSF)2 年的资助。在我退休以后，上海天文台、国家天文台的继续支持，特别是叶叔华院士自始至终的关心与支持、廖新浩研究员、平劲松研究员先后对我多年的直接支持和帮助，包括李月锋、杨永章两位研究生的具体参与，使得研究工作能够在最关键、最困难的时候坚持下来。

我国地震界的一些专家、朋友也给予了热忱的帮助，使得我这个"门外汉"少走了很多弯路。有机会和李辉研究员共同申请国家自然科学研究基金，他所提供的那份高质量的重力场变化资料是我整个研究工作的基础。在日本举行的IUGG(2003)全会上有幸结识了陈运泰院士，在随后的交往中陈院士给了我很多帮助，使我明确了"重力场变化与地震"这个研究方向。中国科学院测量与地球物理所的孙和平院士，中国地震局地球物理研究所的陈石研究员、中国地震局地震预测研究所的付广裕研究员、云南省地震局的陈立德研究员等，他们长期的关心和帮助，都让我心怀感激。

在研究过程中有幸得到国际天文、大地测量界一些著名科学家的帮助。深切感谢 Martine Feissel、Nicole Capitaine、Daniel Gambis、Suzanne Debarbat、Paul Paquet、Yaroslav S.Yatskiv、Jan Vondrak、Clark Wilson、郭宗汾、M. Barlik 等对我的热情帮助。他们那种为科学为人类做贡献的伟大胸怀、对待科学的严谨学风、待人真诚与热情的态度都深刻地教育着我，时时激励、鼓舞着我，让我克服重重困难一路走过来。

在研究的整个过程中还得到了测绘界的老同学、老战友始终如一的关心、鼓励和支持，他们是沈荣骏、董德、王玉玮、周硕愚和丁行斌等。

本书的出版得到中国科学院上海天文台的大力支持，由中国科学院行星科学重点实验室和中科院上海天文台天文地球动力学研究中心共同资助。在此，对侯金良、刘鹏远、黄乘利和廖新浩等研究员对本书出版的关心和支持表示衷心的感谢。

本书在构思、撰写的过程中曾得到平劲松、冒蔚、陈石、陈立德和付广裕等研究员的指点和帮助。陈石、谢世杰、王玉玮、董德、丁行斌等教授对初稿提出了宝贵的意见。在定稿的过程中还得到了杨志根研究员、李进副研究员的热情帮助。

科学出版社钱俊编辑自始至终的关心和指导也让我心存感怀。本书能够出版都得益于这些专家学者给予的无私帮助。在此再次表示感谢！

最后要感谢我的家人和亲人，没有他们的支持、理解和帮助，这项研究工作是难于坚持下来的。